全国农业职业技能培训教材

坛紫菜苗种繁育与栽培

福建省水产技术推广总站　编

海洋出版社

2017 年 · 北京

图书在版编目（CIP）数据

坛紫菜苗种繁育与栽培/福建省水产技术推广总站编. —北京：海洋出版社，2017.8

全国农业职业技能培训教材

ISBN 978-7-5027-9911-3

Ⅰ.①坛…　Ⅱ.①福…　Ⅲ.①紫菜-海水养殖-技术培训-教材　Ⅳ.①S968.43

中国版本图书馆 CIP 数据核字（2017）第 208850 号

责任编辑：朱莉萍　杨　明

责任印制：赵麟苏

海洋出版社　出版发行

http://www.oceanpress.com.cn

北京市海淀区大慧寺路 8 号　邮编：100081

北京朝阳印刷厂有限责任公司印刷　新华书店发行所经销

2017 年 8 月第 1 版　2017 年 8 月北京第 1 次印刷

开本：787 mm×1092 mm　1/16　印张：9.75

字数：134 千字　定价：35.00 元

发行部：62132549　邮购部：68038093　总编室：62114335

海洋版图书印、装错误可随时退换

农业行业国家职业标准和培训教材
编审委员会组成人员名单

主　任：曾一春

副主任：唐　珂

委　员：刘英杰　陈　萍　刘　艳　潘文博

　　　　胡乐鸣　王宗礼　王功民　彭剑良

　　　　欧阳海洪　崔利锋　金发忠　张　晔

　　　　严东权　王久臣　谢建华　朱　良

　　　　石有龙　钱洪源　陈光华　杨培生

　　　　詹慧龙　孙有恒

前　言

坛紫菜，俗名紫菜、乌菜，属暖温带性种类，是中国特有的一种可人工栽培的海藻，主要分布在浙江、福建和广东沿海，盛产于福建宁德、平潭、莆田、浙江苍南等一带。坛紫菜历史悠久，早在宋朝太平兴国三年（公元978年）就被列为贡品。1960年，张德瑞等根据藻体外部形态，包括颜色、厚度、雌雄异体（有少量的雌雄同体）等生物学特征与长紫菜的显著差异，认为平潭岛"紫菜坛"生产的紫菜大部分不是长紫菜，固命名为坛紫菜。其因福建省平潭县主岛海坛岛而得名，以纪念平潭岛在我国紫菜栽培生产上的重要地位，并沿用至今。目前，坛紫菜人工栽培主要海域在福建、浙江、广东北部沿海，江苏沿海近年也逐渐兴起坛紫菜的栽培。坛紫菜味美价廉，营养丰富，其含有大量人体必需的氨基酸、矿物质和维生素，是品位极高的营养保健食品，素有"营养宝库"的美称。

福建省是坛紫菜苗种繁育及栽培最早（自1967年开始大面积栽培），也是产量最大的省份，紫菜产量超过全国紫菜产量的50%，坛紫菜产量超过全国产量的80%。2015年福建省育苗量在30万亩[①]以上，栽培面积可达25万亩。在栽培模式上闽东及闽中沿海以插杆式、

[①]　亩为非法定计量单位，1亩≈666.67平方米。

半浮动筏式栽培为主，闽南以全浮动筏式栽培模式为主。

2014年，坛紫菜被列为第二轮福建省种业创新与产业化工程的十大品种之一，福建省水产技术推广总站成立了《坛紫菜品种创新与种苗设施繁育产业化工程》项目课题组，并开展了一系列工作。现已初步建立坛紫菜现代种业体系和研发应用工作平台，该体系由4家科研院校、推广部门和6家专业规模化育种生产基地组成。目前开展的工作：一是改建坛紫菜种质资源库160平方米，保存有福建省坛紫菜的核心种质资源，为选育优势品种提供优良基因；二是新建200平方米功能齐全的坛紫菜遗传育种中心，配备现有最先进的遗传育种及种质扩繁设施设备；三是建成覆盖福建省各坛紫菜主产区的核心种苗培育基地，总育苗规模化达20 000平方米，可保障福建省4万亩新品种苗种培育。

为了更为地总结坛紫菜菌种繁育与栽培经验，并推而广之，我们组织编写本书。全书共分为三篇，第一篇主要概述坛紫菜的生物学知识。第二篇主要概述坛紫菜苗种繁育初级工、中级工及高级工应具备的理论知识及实操技术。第三篇主要概述坛紫菜海区栽培初级工、中级工及高级工应具备的理论知识和实操技术。

在本书编纂过程中，得到了第二轮福建省种业创新与产业化工程——《坛紫菜品种创新与种苗设施繁育产业化工程》项目的资金支持，项目组成员均在成书过程中给予支持，在此表示衷心感谢！同时，要特别感谢在本书初稿完成后集美大学陈昌生老师、上海海洋大学严兴洪老师所给予的精心指导和细心修改。

本书引用和参考了一些文献、标准和书籍等相关资料，在此向原作者和出版单位深表谢意！

由于时间仓促，书中疏漏和失误之处敬请专家和读者赐教，不胜感谢。

编 者

2016 年 5 月

目　　录

第一篇　基础知识

第二篇　苗种繁育工技能

第三篇 栽培工技能

第一篇　基础知识

第一章
坛紫菜生物学基本知识

第一节　坛紫菜及其分布与形态

一、坛紫菜（*P. haitanensis*）

坛紫菜是红藻门（Rhodophyta）、红藻纲（Protof-lorideophy-ceae）、红毛菜亚纲（Bangiophycidae）、红毛菜目（Bangiales）、红毛菜科（Bangiaceae）、紫菜属（*Porphyra*）的统称，俗名紫菜、乌菜。坛紫菜是中国特有的一种可人工栽培的海藻，主要分布在浙江、福建和广东沿海，盛产于福建的福鼎、霞浦、平潭、莆田、惠安、漳浦等地。坛紫菜作为食材历史悠久，早在宋朝太平兴国三年（公元978年）就被列为贡品。1960年，张德瑞等根据藻体外部形态，包括颜色、厚度、雌雄异体（有少量的雌雄同体）等生物学特征与长紫菜的显著差异，故认为平潭岛"紫菜坛"生产的紫菜大部分不是长紫菜，故命名为坛紫菜。其因福建省平潭县主岛海坛岛而得名，以纪念平潭岛在我国紫菜栽培生产上的重要地位，并沿用至今。一首宋朝时期的诗词《九日晡日登烽火山》——"几年要到紫菜乡，大练小练并东墙"，就描述了平潭大练岛、小练岛为盛产紫菜的紫菜之乡。目前福建、浙南沿海多有种植。坛紫菜味美价廉，营养丰富，其含有大量人体必需的氨基酸、矿物质和维生素，是品位极高的营养保健食品，素有"营养宝库"的美称（图1.1和图1.2）。

图1.1　干坛紫菜产品

图1.2　福建紫菜乡平潭大练岛

二、坛紫菜形态特征

坛紫菜分叶、叶柄和团着器三部分，不同种类的叶片形状、大小不同。坛紫菜的叶状体呈长叶片状，基部宽大，梢部渐失，叶薄似膜，边缘有少些皱褶，自然生长的长30~40厘米、宽3~5厘米，养殖得好的叶长可达1~2米（图1.3）。加工后的紫菜均呈深紫色，富光泽。

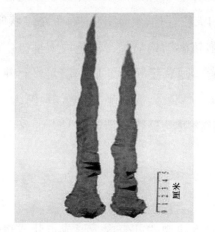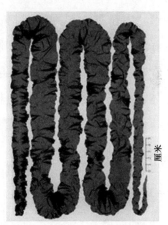

图1.3　坛紫菜叶状体

1. 叶状体

坛紫菜藻体披针或长卵形，基部较宽，呈心脏形，少数呈圆形或楔形。藻体平整或稍有褶皱，暗紫色或红褐色。坛紫菜属刺缘型紫菜，藻体边缘具由1~3个细胞组成的锯齿状突起。这些突起先在基部长出，逐渐向藻体上部延伸，但越向上突起越稀疏，所以刺状特征一般在靠近藻体基部边缘更加明显，叶片上部少有或没有突起。坛紫菜藻体由单层细胞构成，但外被较厚胶质层，藻体较厚，一般在60~80微米，胶质膜的厚度为17~26微米；到成熟期厚度可增至 100 微米，胶质膜厚度可达 35 微米。为提高坛紫菜品质，藻类工作者通过定向选育，目前栽培种质藻体厚度一般为 30~80 微米。生长在岩礁上的藻体长度一般只有 12~18 微米，而人工栽培的藻体要大得多，可达 0.5~1 米，最高纪录 4.44 米。藻体基部一些细胞向下延伸，叶绿体消失，形成管状分枝的假根丝。假根丝汇集成圆盘状的固着器，将藻体固着在基质上。

叶片营养细胞 20.6 微米×15.5 微米，呈四边形、三角形、多边形和椭圆形等多种形状，排列不规则，细胞间无纹孔连丝，细胞内有 1 个星状叶绿体。坛紫菜营养细胞酶解后的原生质细胞超微结构显示，细胞内大部分空间被叶绿体占据，叶绿体外包有被膜，类囊体随着星状叶绿体的腕足平行排列，无围周类囊体，中部有 1 个球形蛋白核，多条类囊体平行伸入其中。细胞核一般位于叶绿体和细胞膜之间，核仁、核膜及核膜孔清晰可见。原生质体内有线粒体、脂质体等细胞器。

2. 丝状体

坛紫菜丝状体世代通常生长在软体动物的贝壳内，形成点状或斑块状的藻落。坛紫菜的贝壳丝状体及自由丝状体均呈现红褐色。在光学显微镜下，藻丝细胞为细长圆柱形，细胞内有 1 核，叶绿体侧生，呈带状，细胞间有纹孔连丝。

第二节　坛紫菜的生活史

自然状态下，坛紫菜多密生在高潮带的岩礁（紫菜坛）上，耐旱性特别强，在比较风平浪静的日子里，每天常有 6~8 小时暴露在空气中。每年在农历的白露至秋分，生长在贝壳或碳酸钙基质里的丝状体成熟，开始放散壳孢子。壳孢子附着在岩礁或紫菜坛上，萌发生长形成叶状体，生长到翌年 3 月

（清明前后）。叶状体繁殖旺盛期自 11 月开始，藻体边缘的营养细胞开始逐渐形成生殖细胞，并逐渐开始放散果孢子，一直到生长末期，果孢子仍在继续形成和放散。藻体生长到翌年 3 月下旬开始衰退，4 月逐渐消失。果孢子遇贝壳等附着基质即钻入萌发成丝状体，丝状体在贝壳内经丝状藻丝生长发育至孢子囊枝，经过炎热的夏季，至秋季发育形成壳孢子囊，成熟放散壳孢子，壳孢子萌发形成叶状体，世代交替（图 1.4）。

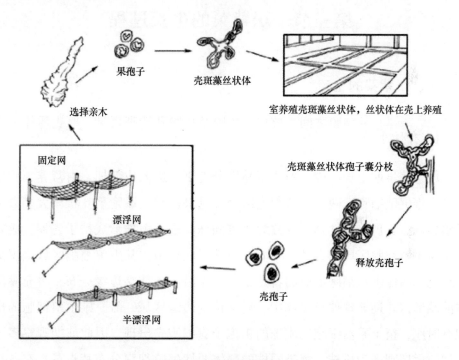

图 1.4 坛紫菜的生活史

坛紫菜生活史与条斑紫菜相似，都是由叶状体（配子体，$n = 5$）和丝状体（孢子体，$2n = 10$）构成的不等世代交替生活史。与条斑紫菜不同的是，与其生活史中缺少叶状体阶段的无性繁殖，没有单孢子。壳孢子萌发是叶状体的唯一来源，生活史中仅有果孢子和壳孢子两种孢子在自然条件下交替出现。

紫菜丝状体的生长发育从果孢子萌发开始，经过丝状藻丝、孢子囊枝、壳孢子囊形成三个阶段，至壳孢子放散结束。栽培生产中，坛紫菜和条斑紫菜的丝状体种苗培育相似，都是以文蛤壳或牡蛎壳等为培养基，培育方式上，坛紫菜一般都是采用立体的吊挂培养方式。

第三节　坛紫菜的生长过程

一、坛紫菜的生殖

1. 有性生殖

坛紫菜早期生长阶段，藻体不易区分性别。进入成熟期，由营养细胞形成雌、雄生殖细胞，两性生殖细胞结合形成果孢子。坛紫菜叶状体大多数为雌雄异株，表现单一性别，少数为雌雄同株。雄性植株形成精子囊器，成熟时藻体生殖细胞区域呈金黄色。雌性植株形成果孢，其生殖细胞区域呈现深紫红色。两性生殖细胞形成的特点是，首先沿藻体前端边缘分布，再充满藻体前端部，并逐渐延伸至藻体中、后部位的边缘区域。雌、雄生殖细胞的出现有时序，精子囊器细胞比雌株的果孢子囊细胞先出现，因此前期观察多为雄株，后期则多为雌株。雌雄同株的藻体两性生殖细胞分布特点是，有各自的分布区域，并以曲线、直线或斜线分界。

坛紫菜精子囊器具 128 个或 256 个精子囊，精子囊母细胞第一次分裂与叶片平行，然后垂直分裂成 2 层 4 个细胞；此后，分裂平行和垂直交互进行，至形成 128~256 个精子囊。随着分裂，精子囊母细胞内色素逐渐减淡，成熟时呈金黄色。成熟的精子细胞是单倍体，呈球形，直径 3~5 微米，无游动能力。超微结构显示，每个精子囊器细胞横分裂或斜分裂，分裂不是同步进行的。随着不断分裂，细胞个体逐渐变小，细胞内叶绿体变化明显的是类囊体越来越少，未观测到围周类囊体。相比细胞核较大，一般为近椭圆形，可见少数线粒体位于叶绿体附近。

坛紫菜雌性生殖细胞为果孢，相当于未受精的卵。光学显微镜下将藻体做横切观察，果孢形成后其细胞原生质体有 1 端或 2 端出现凸起的原始受精丝，受精后逐渐收缩。关于紫菜的受精，1978 年 Hawkes 报道了紫菜属的受精过程，观察到精子囊内容物经受精管进入果孢，以及两核融合的现象。

果孢受精后，先平行后垂直分裂，反复多次有规律的细胞分裂，形成果孢子囊，且越成熟颜色越趋于深红。果孢子囊一般具 16 个果孢子，少数具 32 个。果孢子囊成熟后，果孢子脱离母体放散到海水中，随水漂流，遇到含碳酸钙的基质，即钻入生长成丝状体，果孢子及由它萌发形成的丝状体都是二倍体。在光学显微镜下，刚放散出的果孢子细胞壁尚未形成，叶绿体仍为星状，腕足略短。超微观察清楚显示无围周类囊体，细胞核侧位，果孢子的线粒体为椭圆形，分布在细胞核和叶绿体附近，内脊密而多。

2. 无性生殖

关于坛紫菜是否存在无性生殖，至今尚未定论。有学者认为，果孢子萌发形成丝状体，丝状体通过有丝分裂扩增了细胞的数量，属于无性生殖。只有通过无性繁殖扩增生物量，才可形成大量的孢子囊枝并放散大量的壳孢子。在栽培生产中，作为种苗培育就是利用这一繁殖过程，解决坛紫菜栽培的种苗来源问题。

二、叶状体生长与发育

坛紫菜叶状体的发生，从壳孢子萌发开始。壳孢子的放散和附着具有很强的季节性，当温度将至28℃以下时，自然种群发生地就可见坛紫菜幼苗附着（从农历白露至秋分），以后附苗逐渐减少。

借助色素突变体和适当的杂交技术，就能直观显示坛紫菜藻体细胞分裂的特征与形态形成的过程。通过诱变处理坛紫菜丝状体，培养至成熟放散壳孢子，大多数萌发长成色素嵌合的叶状体。嵌合块起源于壳孢子萌发初始的2次细胞分裂。第1次分裂为横向分裂，产生上下2个子细胞；随后进行第2次横向分裂，形成直线排列的4细胞藻体。第2次分裂时如果基部细胞不再分裂，会出现2个或3个色块的嵌合体，如果第2次分裂基部细胞同样进行分裂，则会形成2个色块、3个色块以及4个色块的嵌合体。其中，每一嵌合色块与最初的4细胞相对应。没有观察到出现超过4个色型块以上的嵌合体。这些嵌合的颜色区块直线状排列，呈现顺序四分子结构，直观地表现了壳孢子萌发初期减数分裂2次细胞分裂产物形成的线性四分子和等位基因分离状态，证实坛紫菜壳孢子萌发形成的叶状体为最多由4个具不同遗传背景的细胞所组成。进一步跟踪观察，壳孢子萌发减数分裂后细胞仍进行横向分裂，构成单列细胞的直线型个体，至8~10个细胞以上，幼苗才开始出现纵向分裂。幼苗靠近附着部位的细胞则形成基部细胞，向下伸出假根丝，逐渐组成柄部和假根，起到固着藻体的作用。

对形成嵌合体藻株的生长观察，藻体发生时，基部上端的2个或3个细胞是藻体形态发生的主要贡献者。同时，由于遗传背景不同，在藻体生长过程中往往不同来源的藻段可能具有不同的生长速度，或者说，具生长优势的细胞对坛紫菜叶状体形态形成的贡献大。对坛紫菜叶状体早期发生及生长来说，减数分裂初始细胞所处位置及其早期分裂生长状况，包括细胞死亡、停止分裂、转化和分裂生长缓慢等因素都会打破个体发育平衡，影响藻体形态形成。

三、丝状体的生长与发育

坛紫菜丝状体的生长发育从果孢子萌发开始，经过丝状藻丝、孢子囊枝、壳孢子囊形成三个阶段，至壳孢子放散结束。栽培生产中，坛紫菜和条斑紫菜的丝状体种苗培育相似，都是以文蛤壳、牡蛎壳或扇贝壳等为培养基，培育方式上，坛紫菜一般都是采用立体的吊挂培养方式。

1. 果孢子萌发

光学显微镜下观察，刚放散的坛紫菜果孢子呈红褐色，折光性强，大小为11~16微米，无细胞壁，中央有1个弥散状的叶绿体，无游动能力，可做变形运动。果孢子附着后不久就伸出萌发管，细胞原生质流入萌发管内，形成萌发体（图1.5）。

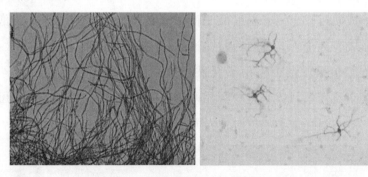

图1.5　坛紫菜丝状体和果孢子萌发体

2. 丝状藻丝

坛紫菜丝状藻丝为单列细胞组成的分枝状藻丝，光镜下观察，细胞为细长圆柱形，直径3~5微米，长度为直径的5~10倍。坛紫菜丝藻丝有侧枝生长和顶端生长两种方式。人工栽培种苗培育中，果孢子钻进贝壳萌发成丝状藻丝并不断生长，在贝壳表面形成藻落。将贝壳置解剖镜下观察，可见藻落藻丝密集，分枝交叉重叠。丝状藻丝生长后期，其侧枝或顶端的 1 个细胞开始增大，呈纺锤形或不定形状态，其直径较丝状藻丝明显增粗，生产上俗称"不定形细胞"。

3. 孢子囊枝

坛紫菜贝壳丝状体孢子囊枝，由丝状体藻丝中不定形细胞发育而成。自由丝状体的孢子囊枝细胞，是自由丝状藻丝的侧枝或顶端细胞发育形成，或藻丝中某个细胞直接增粗形成孢子囊枝，然后以侧枝或顶端形成分枝的方式进行生长。

4. 壳孢子形成与放散

壳孢子成熟后，当培养温度低于孢子囊枝生长温度时，坛紫菜孢子囊枝细胞分裂形成壳孢子囊。分裂后的细胞两两成双，即形成的壳孢子大小相等，各自由细胞膜包被，两个壳孢子又被包被在同一细胞膜中，叫作"双分"。成熟的坛紫菜贝壳丝状体具有一次几种放散的特点，通常 1~2 天就可以完成壳孢子的放散。当壳孢子放散时，壳面可见大量红色的壳孢子（图 1.6）。

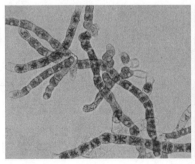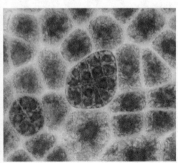

图 1.6　丝状体膨大细胞和壳孢子

第二章
坛紫菜苗种繁育及栽培

第一节　坛紫菜苗种繁育

一、种藻选择和自由丝状体扩增

坛紫菜苗种繁育即人工采集果孢子，经培育丝状体形成壳孢子囊枝，最后形成壳孢子的过程，一般在育苗室内进行。在采果孢子前要充分选择种藻，挑选成熟好、藻体健壮而个体大的藻体。种藻的健康与否直接影响果孢子的质量，这和农业上的选种一样，要挑选个体大、颜色深、藻体健康而且成熟变好的鲜藻做种藻。因此，在栽培紫菜时应该事先有计划地选择和培育采果孢子所用的种藻。

自由丝状体培育是把种藻放散的果孢子置于玻璃瓶内培养，使其自然生长成丝状体。培养期间的生态条件与同种紫菜的贝壳丝状体基本一致。自由丝状体多作为育种手段进行两次采苗施用，但作为生产方式仍局限于个别地区。

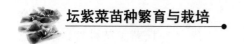

二、采果孢子和自由丝状提移植贝壳

采果孢子就相当于农业上的播种，把已阴干好的种藻或冷冻的种藻放入盛有海水的容量内，并不断搅动海水，以促进果孢子的放散。还要随时检查放散量，制成果孢子水，均匀泼洒于贝壳等基质上，使其钻入壳内进一步生长。

自由丝状体移植贝壳，即使用家用豆浆机或高速粉碎器，将自由丝状体反复粉碎，制成种子水，分4~5遍均匀泼洒到贝壳表面上。接种前，池内先放20厘米左右的海水以淹没贝壳，让自由丝状体能够钻入贝壳进一步生长。

三、贝壳丝状体培育

培养贝壳丝状体在每年的2月、3月到9月进行，培养期间合理调整光照强度是必要条件；为此，育苗室多为东西走向，以天窗和侧窗采光，或增设人工光源。培育池可分平面与立体两种，前者水深20~30厘米，培养基质——贝壳平放池底；后者池深50~70厘米，贝壳吊挂于池中。只要培育条件充分，且管理得当，经4~5个月即可形成壳孢子。主要的管理措施包括：① 调整光强。初期为3 000勒克斯，到形成壳孢子囊枝后逐渐降至500勒克斯左右。② 施加营养盐。可根据不同生长期按一定比例施用硝酸钾和磷酸二氢钾。③ 控制水温。使在整个丝状培育期间不受夏季高温和秋季提早降温影响，保证按期采苗。

第二节　坛紫菜的海区栽培

一、采壳孢子

栽培坛紫菜叶状体首先要有"种子"，紫菜的"种子"主要就是壳孢子，播种就是把壳孢子经过人工处理使附着于人工制备的基质——网帘上。一般称紫菜播种为"采壳孢子"。根据秋季能否栽培紫菜在于"种子"的原则，故"采壳孢子"成为栽培紫菜叶状体的一个不可缺少的重要环节。

壳孢子放散后，使其附着在人工的基质上，称这一技术为采壳孢子。随着对壳孢子成熟、放散、附着的规律的认识地不断提高，使采壳孢子的方法不断改进。原始的采壳孢子方法是利用海区自然孢子使附着在自然的岩礁上，即我国的"菜坛栽培"。日本是用竹枝附着孢子称"插竹栽培"。1949年德鲁发现丝状体后，丝状体可以在室内水池中培养，但由于对其成熟和大量放散壳孢子的规律性了解的不够，往往到了采孢子季节，人工培养的丝状体还不能放散出大量的壳孢子供生产上应用。为此，只好采取半人工采苗的办法，就是把人工培养的已近成熟的贝壳丝状体装在种子袋内，挂到海中在已准备好的人工网帘下附近（或竹帘）使壳孢子随涨潮时放散出来并附着于竹帘上。这种方法虽然比采自然孢子前进了一大步，当时在生产上也有显著效果，现在我国的个别地区或者在日本至今仍在应用着。但半人工采孢子法的缺点是：丝状体放出壳孢子后，很容易随潮水流失，有机会附于帘上的数量只是其中的少数；壳孢子利用率较低，生产上只好采取增加贝壳丝状体的用量；还有壳孢子附着不够均匀，附着生物（尤其是藤壶类）的威胁以及风浪的推动都影响孢子的附着效果，使生产受到很大的限制。随着对丝状体生态的深入研究，与化学纤维生长基质的普及，发展成现在的采孢子方法——全人工采孢子。这种方法可以在比较严格的人工控制下，在小范围内的培养池内使壳孢子放散后及时附着在尼龙网绳等人工的基质上，速度快、效果好，可以使采孢子工作纳入有计划地生产。我国南北方的科研单位与广大群众相结合，根据当地的生产条件，在全人工采孢子方面，创造了不少切实可行的方法。

二、叶状体栽培

从网帘下海就进入叶状体的栽培阶段，时间一般从9月下旬或10月上旬至翌年 2—3 月。这一阶段主要工作概括为：壳孢子萌发出苗管理与紫菜生长管理，直至网帘下海到肉眼见苗为出苗期。为了早出壮苗、全苗，须将网帘置于适宜潮位，及时清除杂藻并施肥。叶状体的养殖按网帘在海区的安置方式可分为半浮动式和全浮动筏式，前者适用于浅海滩涂，后者主要用于深海海区。这两种方式现在都采用全人工培养丝状体和人工采苗提供苗源，在生产上占主要地位。此外，中国尚有菜坛式养殖法，主要利用天然壳孢子在岩礁上养殖，单位产量高，但受自然条件影响大，生产不稳定。到成叶期要合理施肥、防止病害并适时采收，最后进入加工于销售环节。

三、采收与加工

坛紫菜开始第一次的采收的时间，在正常情况下在采壳孢子后 45~50 天，紫菜长度约 20 厘米。坛紫菜第一次采收约在 11 月上中旬，为了使紫菜不向宽处生长影响紫菜质量，在紫菜长到 10~15 厘米长度时，也可以采收一部分，这样既可以收到幼嫩的藻体，又可以适当地进行稀疏。坛紫菜生长比较快，一般剪收得法，每隔 1 周到 10 天就可再采收一次（图 2.1 和图 2.2）。紫菜生长与水温密切相关，采收时间间隔随水温变化情况具体确定。坛紫菜在快速生长期，最快日生长速度高达 4~5 厘米，采收时间间隔可以缩短，隔一周左右采收一次。当然，加工好坏直接影响紫菜的商品质量。加工的成品主要有菜片和散菜，后者比较简单，就是把采下的鲜菜经过淡水冲洗后，立即晒干成淡干品，也有的不经过淡水冲洗直接晒干成咸干品，散菜产值低，如果出口外销，以制成菜片为宜。菜片加工方法有机器加工与手工操作两种，工序是拣菜、洗菜、切碎、制片、脱水、干燥、剥离、包装保存。

图 2.1　收割机采收

图 2.1　人工采收

第三节　坛紫菜的生产安全及病敌害防控

一、安全生产

在坛紫菜的生产过程中，常受到台风、赤潮等自然灾害影响，因此安全生产对养殖成功尤为重要。苗种繁育要注意高温、多雨、台风等天气的影响，海区养殖要避免遭受台风、赤潮造成的损失。为此，在生产作业中应遵守坛紫菜的生长规律和安全生产规程，只有做到管理措施到位，才能够获得好的收成。

二、坛紫菜病、敌害防控

坛紫菜贝壳丝状体病症主要有黄斑病、泥红病（红砖病）、白圈病、龟纹病、绿变病及白斑病等，这些病症是由病菌感染、杂藻附生或操作不当造成的，必须坚持预防为主、防治结合的原则，保证自由丝状体的健康生长，才能够放散出成熟、健康的壳孢子。

坛紫菜叶状体病害的种类大致可分为病原性病害、非病原性病害，以及附着生物和鱼害4种。病原性病发生的原因主要由不同种类的细菌和真菌类，以及病毒所引起，已经发现过的纯属于病原性的病害有赤腐病、壶状菌病及丝状细菌引起的病；非病原性病发生的原因，主要是由海洋环境中的理化因子引起的病害。非病原性病害有芽损病、孔腐病及"癌种"病。附着生物虽不能直接造成紫菜的发病，但对紫菜的生长有不利的影响，亦不可轻视。附着生物普遍而又危害大的是硅藻与浒苔。鱼害是指篮子鱼等以紫菜为食的鱼类大量繁殖而啃噬网帘上的紫菜，造成大幅减产甚至绝收。这些病敌害是坛紫菜生产的主要威胁，必须及早预防、及时发现、正确处理，具体症状及防治措施将在第二篇中详细介绍。

第二篇　苗种繁育工技能

　　贝壳丝状体的培育是进行紫菜栽培的基础，因此掌握贝壳丝状体生产操作是坛紫菜苗种繁育工技能尤为重要的一环。

　　贝壳丝状体培育是指由挑选种藻采果孢子至贝壳丝状体成熟，可放散壳孢子的过程，时间从当年 12 月直至翌年白露或秋分，主要在育苗室内完成。一般采果孢子时间为当年的 12 月至翌年 4 月清明前，采苗后至翌年 7 月、8 月为贝壳苗种培育期，之后是最重要的缩光促熟期，缩光促熟做得好，才能够保障贝壳丝状体的成熟度和壳孢子的放散量，为海区养殖提供便利。

　　本部分主要要求初级技术人员熟练掌握坛紫菜苗种繁育的各个过程操作方法；中级人员必须熟练掌握各项操作的预备条件，能够指导初级人员做操作准备、具体操作；高级人员必须能够设计坛紫菜苗种繁育所需设施设备、熟练掌握各项工作效果检测方法，能够指导初、中级人员完成坛紫菜苗种繁育工作。

第三章
初级工技能

第一节　育苗设施、材料准备

一、学习目的

了解坛紫菜育苗材料及设施。

掌握坛紫菜育苗池备产步骤。

二、材料与操作

传统的紫菜室内培育包括平育和吊育，平育是对浸泡在育苗池中接种有自由丝状体的单个贝壳育苗管理，即将贝壳平滑的一面向上，平铺在育苗池底，排列呈鱼鳞状进行育苗管理。但是，平育单位面积培育贝壳数量小，洗壳时需收起逐个洗刷，劳动强度大（图 3.1）。吊育是对浸泡在育苗池中接种有自由丝状体的贝壳串育苗管理，即将贝壳用细绳联成一串，一端系有挂杆（竹杆），挂杆吊挂在育苗池上，另一端垂直浸泡在育苗池中，水体完全浸泡着贝壳串进行育苗管理。这种育苗方法具有水体量大，水温等条件随着气温的变化时变化较缓慢，生态要素相对更易保持稳定，单位面积培育贝壳数量大，采苗多等优点，因而在浙江、福建沿海均采用这样的方法室内培养坛紫菜壳孢子苗。吊育方法也存在一些缺点：其一是下层的贝壳往往受上层贝壳的遮光影响较大，表层与底部的贝壳接受光照不一致，贝壳丝状体生长不均匀，虽然在实际培育过程中经常上下调换贝壳吊挂的位置，达到上、下层贝壳丝状体生长较均匀目的，但是有部分贝壳串采光较少，贝壳丝状体生长迟缓；此外，由于频繁调换吊挂贝壳串，需解下和重系，育苗管理劳动强度较大。其二是洗壳难度大，直接用水枪冲洗时，上下层贝壳相互遮挡，洗刷效果不佳，就需要收起每挂贝壳串进行清洗，再挂回，育苗管理劳动强度也较大（图3.2）。

图 3.1　坛紫菜平铺育苗

坛紫菜育苗前的准备主要包括育苗池、附着基、挂杆等设施材料准备。初级工应掌握育苗池清洗消毒、贝壳吊挂、竹竿摆设、光线调节等育苗前准备工作的操作。

育苗池在使用前必须彻底清洗消毒，使用洗洁精配合淡水进行彻底擦洗，去除影响丝状提生长的病菌及敌害生物。新建的水泥池，必须事先经过充分浸泡后才能使用，以免发生由于 pH 值升高抑制丝状体生长。

图 3.2　坛紫菜吊挂育苗

附着基一般采用壳宽 4 厘米以上的文蛤贝壳或 6 厘米以上的扇贝贝壳，使用前先充分浸泡，剔除残留物，用水洗净，然后穿孔吊挂成串，每串 8~10 对，或 5~6 对，上下层贝壳总长度 30~32 厘米（图 3.3）。

图 3.3　育苗贝壳

挂杆可以用玻璃纤维杆或竹竿，长度较水泥池宽度略长，能够稳定架于水泥池顶面为宜。玻璃纤维杆初始投入较大，但经久耐用、较为美观，且不易弯曲；竹竿易获取、成本低，但使用年限短，加上本身存在一定程度弯曲，不易排列整齐。总而言之，可根据自身及当地坛紫菜苗种繁育情况选择挂杆，挂杆使用前必须彻底清洗消毒。

坛紫菜贝壳丝状体一般使用立体式吊挂培养，贝壳可直接购买经过穿绳成串的成品，或自行打孔穿串，视水泥池高度而定，吊挂时不宜使最下层贝壳接触水泥池底部。在使用前必须用淡水充分浸泡并清洗去除杂物，此时需要均匀地吊挂于竹竿之上，保证底层贝壳受光。育苗池每隔 10~10.5 厘米横吊小竹竿或小玻璃钢撑杆 1 条，每条吊挂贝壳 30~35 串（间距 6~7 厘米），每平方米育苗池可吊挂贝壳 150 串左右。

吊挂好贝壳的竹竿须均匀铺设在水泥池上，贝壳悬挂于池内，最上层贝壳处于池面以下。竹竿垂直于水泥池侧壁，竹竿间距均匀。

常用器具有桶、水勺、量杯（筒）、喷壶、温度计、光度计、比重计、显微镜、计数器、计算器、钢尺、注射器、载玻片、脱水机、潜水泵等。

育苗用水须经黑暗沉淀 72 小时或沙滤后使用，或当天采苗使用当潮抽取的海水，采果孢子时的海水温度应稳定在 10~16℃。

三、注意事项

① 贝壳串与串、杆与杆间距不宜太近，保证充足的光照。

② 坛紫菜育苗室调光尤为重要，光照条件的调整可以借助设置窗帘布，根据天气情况来调整光强。也可以用更简易的办法，如粉刷石灰与张贴白纸来调整光的强弱。

第二节　采果孢子

一、学习目的

熟练掌握坛紫菜采果孢子的方法。
了解采壳孢子期间必须控制的条件因子。

二、操作方法及条件

1. 方法

采果孢子应制成果孢子水，方法是把已阴干的种藻放入盛有海水的容器内，并不断搅动海水，以促进果孢子的放散。还要随时检查放散量，如果孢子水的浓度已达足够采孢子的要求时，可以将种藻捞起；如浓度不够还要再采，可以把种藻进行阴干加以低温保存待用。种藻一般可用 2~3 次。果孢子水经稀释后，均匀泼洒至吊挂好贝壳的水泥池中（图 3.4），泼洒后池面覆盖黑膜遮光，前 3 天必须保持水体静止，7 天后掀膜观察。

图 3.4　坛紫菜采果孢子——泼洒果孢子（自由丝状体）水

2. 条件

最好选择晴天上午将阴干的种藻放入采苗池（水桶）内加入沉淀海水搅拌刺激。海水与种藻比例不低于 10∶1。若种藻为冷藏的则先解冻，用清洁海水清洗 1~2 遍，然后阴干失去水分 60% 左右后再放入盛有清洁海水的采苗池（桶）中刺激放散，并持续搅动海水使其大量放散果孢子。其间可取水样镜检孢子的数量和质量。放散至中午 12：00 前捞出种藻，用 60 目聚乙烯网袋过滤孢子水，镜检计数孢子量，计算各池所需的孢子水量并及时泼洒。种藻可多次阴干放散。

（1）海水比重与 pH 值

采果孢子所用的海水，事先要进行比重和 pH 值的测定。海水比重的高低直接影响种藻放散果孢子与果孢子萌发率，尤其在大雨过后或靠近江河口入海之处更应注意。种藻在 1.010~1.025 比重范围内，均能放散果孢子，但在 1.020~1.025 范围内放散量多，比重低于 1.010 时放散量明显减少。实践表明，比重高于 1.025 也影响果孢子的放散，果孢子在 1.005 的海水内不能钻进贝壳，在 1.030 的海水内钻入和萌发较差。因此，采果孢子用的海水比重以 1.020~1.025 为宜。

海水的 pH 值应在 8.0~8.2，太低或太高都将直接影响果孢子的钻壳与萌发。试验证明，pH 值在 8.5 以上的钻壳数量明显下降，当 pH 值升高到 9.0时，果孢子就停止钻壳。在采果孢子时应该先把培养池清洗干净，特别利用新池时，应当先充分用海水或淡水浸泡使 pH 值降低后再使用。采好果孢子钻入壳内以后，也应当经常测定 pH 值的变化，多换水，避免 pH 值升高。

（2）光照条件

黑膜掀开以后，一般要求光照 2 000~3 000 勒克斯，应使池内有适宜的光强，但应避免直射光（图 3.5）。

（3）水温条件

在采果孢子季节内自然海水的温度是适合于果孢子的放散、附着萌发的，但如果遇有特殊情况如育苗室未能按期建成，或者第二次补采果孢子，水温及室温比较高，则应按照果孢子要求的温度条件，采取人工降温措施。只有等果孢子附着钻入壳内以后，才可以停止人工降温，改为常温培养。坛紫菜的果孢子在超过 20℃时，其萌发率低而不正常，因此闽南地区正常采果孢子季节是每年 2—3 月；如有个别育苗室建成时已达到 5 月上旬，用机制冰降温的办法采果孢子，据报告也取得了较好效果（福建省平潭县 1974 年采苗经验）。

图 3.5 坛紫菜采果孢子后池面覆盖黑膜

三、注意事项

从以上几方面来看，在采果孢子的适宜季节，水温一般可以不必考虑，只要加强注意海水比重与光照的变化，及时进行人工调整与控制就可以了。如果是新建育苗室，则应注意 pH 值的变化。培养条件合适与果孢子比较健壮的时候，一般在投放果孢子后 10~15 天，把贝壳放在低倍镜下，可以看到果孢子已经钻入壳内，并且已经开始萌发，一周后肉眼仔细观察，可以看到粉红小点的藻落。如果经过半个月到 20 天仍然看不到红点，或者观察发现藻落很稀，进一步经过计算后则应及时补充采果孢子，并且分析采果孢子失败的原因，及时改善调整培养条件。

第三节　贝壳丝状体培养和管理

一、学习目的

熟练掌握坛紫菜贝壳苗培育管理工作。

了解育苗条件。

二、操作与条件

丝状体的培育从果孢子钻入贝壳以后一直到进行采壳孢子以前，约几个月的时间。从丝状体的生物学来看，包括果孢子萌发与丝状体的生长、膨大藻丝的形成、壳孢子形成等几个时期。由于这几个时期对环境条件的要求有所不同，如果技术措施与管理上都能充分满足它们的要求，秋季才能适时采到足够的健康孢子，使生产顺利进行。如果没有高质量的丝状体，就谈不上秋季采壳孢子的问题，致使一年的生产全功尽弃。因此，培养丝状体必须以几个时期对环境条件的要求为根据，通过技术管理来创造合适的条件，以满足贝壳丝状体各阶段的要求。

1. 海水的更新与清洁

保持水质新鲜清洁，是管理工作中非常重要的一环，培养用水应该经过黑暗沉淀，同时注意海水比重与 pH 值，不可超过丝状体正常的要求，这样可以减少丝状体的病害发生。要使海水清洁，在出水管头部套上一个棉布袋也是一个好办法。换水应该按照丝状体生长的发育情况和贝壳表面清洁程度来决定，现在原则上是不脏不洗不换水，在换水时应注意水温和海水比重与原有的海水相接近，以免因环境突然改变容易引起病害的发生。

清洗培养池，也是保证水质清洁的条件之一。此外，还要定期洗刷贝壳，洗刷宜用软质泡沫塑料，避免贝壳互相摩擦导致丝状体受伤，防止贝壳露出水面时间较长（图3.6）。清洗培养池应当用28%的漂白粉100毫克/升的消毒海水洗刷，洗过后用干净海水冲洗，然后换水培养。

采苗一周后育苗池全部换水，以后每隔10～15天换水1次，缩光后增加换水次数。换水期间应注意随时喷洒海水，防止贝壳丝状体干燥死亡。

如果有条件的话，每天换一部分海水效果更好。如果需要完全换水时，要特别注意海水比重与水温突然改变。

丝状体发育到后期形成壳孢子时，不宜再更换海水与洗刷贝壳，以便防止已经形成的壳孢子提前放散。

图3.6　洗刷贝壳

至于第几天进行第一次换水，可视具体情况而定，一般在采果孢子一周后，进行第一次洗刷与换水。如果遇到特殊情况，需要及早换水时就可以采取从池底将水慢慢抽出，由池底再慢慢将新鲜海水流进池内，不要搅动，要避免使已附着的果孢子重新浮起。若洗刷换水时间过晚，虽有较多的果孢子钻入贝壳内，但因为水质内存在有死的孢子及碎叶片不断腐败，致使蓝藻及微生物大量繁生引起果孢子萌发不良，因此还是在采苗后一周进行换水较为适宜。

2. 光照条件的调节

丝状体生长发育的各个时期对光照强弱与光时长短的要求各不相同，因此在培养过程中，根据丝状体的不同生长发育阶段应及时调节光照强弱与光照时间。关于光的调节可分为以下四个时期来进行：

果孢子萌发阶段（1 000 勒克斯）；营养藻丝生长阶段（2 000~3 000 勒克斯）；壳孢子囊枝形成阶段（6—7 月，1 500~2 000 勒克斯）；壳孢子形成阶段（8—9 月，1 000~1 500 勒克斯）。

（1）果孢子萌发及营养藻丝生长阶段

果孢子钻孔后进入丝状体生长期。光线调整至 1 000 勒克斯左右为宜，一天之内应尽量维持光线稳定。光时以全日照为宜，经过一定时期的生长，藻落由小到大，藻丝交错生长遍布于全壳时，即进入营养藻丝生长阶段，历时较长，可将光照强度调整到 2 000~3 000 勒克斯，光时 12~14 小时。另外，要定期调换池中贝壳的位置，以免生长相差悬殊。立体培养丝状体时，要适时将上下串的贝壳互相倒置，以改变受光不一的缺陷。光照调整要做到一日数次巡视检查，另外做到天晴阴雨天的调整，尤其要注意预防强光与直射光的影响。

（2）壳孢子囊枝形成时期光的调整

丝状藻丝生长达到高峰期以后在丝状体上开始形成壳孢子囊枝，如果光照减弱光时缩短，可以促进它的形成。培养坛紫菜丝状体，在这一时期一般把光线控制到 1 500~2 000 勒克斯，并继续减弱到 800 勒克斯，光时减到 12~10 小时/日，这样可促进形成壳孢子囊枝。如果在 8 月高温期前就形成大量的壳孢子囊枝，根据南北方的经验都认为到了采壳孢子季节，这些壳孢子囊枝往往不能放散大量的壳孢子，这样早形成的不见得对生产有利。如果从7月初至8月初给予最高光强为1 500勒克斯左右，8月初至8月底或9月初，给以日最高光强750勒克斯左右，这样培养的丝状体可在8月高温期后大量形成壳孢子囊枝。这样的光强不但在采壳孢子季节可以得到大量壳孢子，而且还可以减少杂藻的繁生，生产上减弱光强可以通过窗帘层数加以改变，只要掌握适度都能取得较好效果。

（3）壳孢子形成时期光照的调整

壳孢子培育后期，水温逐渐下降，光时缩短到9~10小时/日，光强减弱至1 000~1 500勒克斯，此时可以大量形成壳孢子（图3.7）。壳孢子形成后，贝壳表面的颜色也会有一些变化，壳面由深紫红色变成棕黄色，肉眼还可以看到有丛毛状的壳孢子囊枝生出壳外。这样的贝壳丝状体应避免摩擦，培养条件不要变动太大，以免促使壳孢子提早放散或抑制放散，影响生产计划。

图3.7　坛紫菜贝壳丝状体培育后期形态

3. 海水温度的调整

夏季水温高，温差变化大，换水时间要在上午进行，中午结束。白天关紧窗门，晚上开窗通风，以利于空气对流，保持水温稳定。每年 8—9 月为东南沿海台风多发期，北方冷空气开始南下，要注意做好防台风和育苗室保温工作，防止壳孢子流产或者因台风造成损失。

室内培养丝状体的池内海水温度的控制，目前在我国都是随自然气温升降而升降。如果需要保温或降温，简单方法是采用开关门窗的办法来解决。例如在采坛紫菜果孢子时，通常在春节过后进行，此时水温较低，对果孢子钻壳有利，但对丝状体生长不利，为了使丝状体生长加快，在采好果孢子以后，把门窗关闭，以后随着气温的升高可逐渐打开窗户。到夏季时，因室内池水温度升高较快，为了减少病害的发生以及防止壳孢子囊枝的死亡，需要开窗通风，一般使水温保持在 29℃左右。今后在有条件的地方，最好增设升降温度的设备，以便根据丝状体的要求来进行培养，摆脱受自然温度波动影响的情况。

4. 施肥

室内培育丝状体的海水处于静止状态，丝状体所需要的营养盐靠海水原有的是不够的，需要根据生长发育不同阶段给以施肥。主要增加氮肥和磷肥，肥料的用量已普遍应用的有两种配方：

① 无论坛紫菜从藻落可见到壳孢子囊枝出现之前，给予氮 5 毫克/升、磷 0.5 毫克/升；壳孢子囊枝出现后，氮增加到 10 毫克/升，磷增加到 1 毫克/升。缩光以后氮再减少到 5 毫克/升，磷增加到 10 毫克/升，缩光期停止施氮肥，单施磷肥 10~15 毫克/升，用量根据实际情况调整。

② 除了用①配方外，还可采用全培养液与半培养液，所谓全培养液就是每吨海水内加 1 克分子的 KNO_3 和 0.1 克的磷酸二氧钾（KH_2PO_4），这种全培养液换算成毫克/升表示的浓度时，氮为 14 毫克/升，磷为 3.1 毫克/升。所谓半培养液就是全培养液成分的一半。在采果孢子到壳孢子的囊枝出现之

前，施用半培养液，壳孢子囊枝出现之后，施用全培养液。但如果自始至终均用半培养液，丝状体也能很好的生长，说明施肥的量还可以减少。

施肥的方法与施肥的时间：大面积培育丝状体也可以用农业肥料或工业肥料，可预先将肥料配成原液，加以沉淀杂物，取其上清液加以贮存，用时再取一定量配成施肥液用喷壶均匀地喷洒在池内，喷完后应搅动海水，使肥料均匀。在早期一个月施一次，中期与后期施肥次数应增加每半个月施一次，施肥可结合洗刷贝壳或换水进行，如不换水也可以增补施肥。如杂藻繁生、病害发生时应停止施肥。

培养紫菜丝状体时，如不施肥，丝状体的生长则因缺乏营养而容易发生绿变病。所以，在采果孢子后应立即施肥。

三、注意事项

① 夏季因为温度升高，海水容易蒸发，因而引起海水比重升高。为此每隔 7~10 天可适当添加新鲜海水或清洁淡水，使比重保持比较稳定。

② 特别注意在连续数天阴雨后的晴朗天气，要防止光线的突然增强。光照如超过 3 000 勒克斯，则容易发生白化现象，而且引起杂藻迅速繁殖，甚至于影响丝状体的生长。

③ 如果壳孢子已大量形成，又在白露、秋分期间，往往会有冷空气降临，壳孢子遇有降温就会自然放散，而此时外面海区内海水温度下降比较慢，尚不适于壳孢子的萌发，不宜在此时采壳孢子。因此在这种情况下，多采取关闭门窗保温以避免壳孢子自然放散，造成浪费。

第四章
中级工技能

第一节　育苗设施准备

一、学习目的

熟练掌握坛紫菜育苗设施必须具备的条件。

了解育苗设施设计原理。

二、操作方法

坛紫菜中级工在准备育苗设施时，除掌握初级工技能外，必须能够选择适合育苗的场地、育苗室。首先考虑的应满足丝状体各阶段生态所需要的条件，以及防治丝状体病害的蔓延为前提；其次应尽量考虑到人工采壳孢子等所需要的条件。

育苗室应建在水质和环境条件良好，取海水方便，交通便利的海区近岸。水质要求 pH 值为 8.0~8.5，盐度为 18~25，水温不超过 31℃，溶解氧不低于 5 毫克/升，其他理化指标应符合 NY 5052 的规定。适合建造培养室的场所应首先考虑在有淡水供应，海水没有污染抽取海水比较容易的海边。

培养室的方向问题，东西走向较为适宜，可以避免直射光对丝状体产生有害的影响。室内照光条件是通过设置天窗与侧窗的多少以及覆盖窗帘来调整，以侧窗为主，天窗为辅。开窗的大小与式样可以因地制宜，原则上既有利于取光，又不妨碍培养室的坚固性，因而开窗的面积与培养室要有一定的比例。以侧窗为主的地方，侧窗的面积约占四周墙面积的 1/3，外加约占培养室底面积的 1/10 的天窗；以天窗为主的育苗室，侧窗为辅，主要起通风作用，天窗的大小约占培养池面积的 1/2 或 1/3，侧窗占屋顶的 1/6，既有利于采光又有利于通风。光照条件的调整可以借助设置窗帘布，根据天气情况来调整光强，也可以用更简易的办法，如粉刷石灰与张贴白纸来调整光的强弱。

根据贝壳丝状体在池中排列是立体与平面以及培养的任务来设计池的长短、深度与大小，立体培育池的深度为 50~70 厘米。培育池的走向可以与育苗室走向平行或者垂直。南方因为水温升高较快，立体池的大部分深度应设置在地平面以下，这样可以缓和池水受气温的影响。培养池的宽度要求主要以方便于操作以及充分利用培养室的面积为准则，各地立体池的宽度约为1.5 米。在池底纵向应有一坡度，以利于加速排水，排水口安排在水位低的一端，且排水口应大于进水口。

1. 育苗池

育苗池以长 10~15 米、宽 2~2.2 米、深 0.6 米为宜，池与育苗室平行或垂直。池底应有 0.2%~0.3% 的坡度，排水口处设 0.5 米×0.5 米，深为 0.1~0.15 米的凹井，或安装直径 100 厘米塑阀 1 个，进排水管可用聚乙烯或 PVC管。新建育苗池须经浸泡去碱处理，使池水的 pH 值稳定在 8.0~8.5 方可使用，旧池洗刷干净即可使用。

2. 采苗池

以 2 000 亩左右的苗种培育面积配套建设 2~3 个采苗池为宜，池长 1.5 米、宽 1.2 米、深 1.0 米，并设置进水阀门和排水口。每个采苗池蓄水量 1.5 吨左右。

3. 沉淀池

育苗室必须具备水处理系统，包括蓄水池或沉淀池。沉淀池出水口高于育苗池，池底略倾斜，在最低处设排污阀。离沉淀池底 20 厘米处设一出水阀，海水可自流至育苗池。沉淀池贮水量为育苗总水量的 1/2 以上，可分隔成 2~3 个小池，以便轮换使用。沉淀池设置顶棚或遮盖，使池内黑暗。

三、注意事项

丝状体生长发育的好坏与海水的成分以及海水中敌害生物的多少有关，因此选择育苗场还应考虑厂区的蓄水池、沉淀池、过滤系统等设施。

第二节　种藻的选择与处理

一、学习目的

精确掌握坛紫菜种藻挑选方法。
熟练掌握种藻采果孢子方法。
掌握坛紫菜种藻保藏方法。

二、操作方法

紫菜苗种繁育中级工在做好育苗前的准备工作后，应熟练掌握采苗种藻的选择与处理。种藻的健康与否直接影响果孢子的质量，这和农业上的选种一样，要挑选个体大、颜色深、藻体健康而且成熟度好的鲜藻作种藻。藻体健壮，有光泽，无硅藻附着，肉眼见叶片边缘孢子囊群面积较大，有明显的紫红色斑点；镜检可见成熟的果孢子囊群。挑选的种藻用海水洗去杂藻浮泥，经脱水阴干失去60%左右水分，即可用于果孢子采苗，或将阴干种藻保存于−15～−20℃冷库中备用。

因此，在栽培紫菜时应事先有计划地选择和培育采果孢子所用的种藻。有些地方需把种藻先行冷冻，到合适的时间再采果孢子，也可以采收自然生长的紫菜做种藻，但需要挑选以免混入非栽培种类。要冷冻的种藻先经过冲洗干净，洗去藻体的表面浮泥和杂藻，再阴干至半干，装入尼龙袋内密扎袋口，放入−15℃左右的冷库内保存。当需要采果孢子时，可以取出浸泡在海水中采果孢子。

采果孢子时应先制成果孢子水，方法是把已阴干好的种藻或冷冻的种藻放入盛有海水的容器内，并不断搅动海水，以促进果孢子的放散。还要随时检查放散量，如果孢子水的浓度已达足够采孢子的要求时，可以将种藻捞起，如还要再采，可以把种藻进行阴干加以低温保存待用。种藻一般可用2～3次。

为了保证果孢子的质量，从冷冻库中拿出的种藻，如发现有糜烂现象，可以用沉淀海水迅速请洗一遍，再进行阴干然后使用放散孢子（图4.1）。实践证明，这样处理的种藻再放散的果孢子，其萌发率比较高，种藻使用过后还可以再阴干或冷冻待下次使用，第二次和第三次的果孢子均有比第一次的质量好的倾向。

图 4.1　叶片边缘果孢子囊群明显的种藻

三、注意事项

采果孢子时必须不断搅动海水，刺激果孢子的放散，并及时检查放散量。

第三节　采果孢子或自由丝状体移植贝壳

一、学习目的

精确掌握采果孢子密度的检查方法。

了解坛紫菜自由丝状体移植贝壳技术。

二、操作与方法

采果孢子的密度决定其萌发后的健康状况，尤为重要，中级工应具备观察果孢子放散量的技能。果孢子的密度是指在每平方厘米的贝壳内萌发出来的果孢子数，就是洒布在每平方厘米贝壳的果孢子数，除掉死亡率后的数字。生产上应该以果孢子萌发后实际生存的数量为准，每平方厘米贝壳上应附着的果孢子数叫投放的果孢子密度，除掉死亡的果孢子数后叫萌发密度，习惯上都以个/厘米^{2}为密度单位。萌发密度的大小，不但直接影响丝状体生长发育的好坏，更直接影响秋季壳孢子放散早晚与放散量的多少。

萌发密度受种藻健康程度、采孢子时间、采孢子条件的影响，因此在生产上采果孢子时，应配合这几方面的情况来考虑，预先了解当时的萌发率以便决定投放果孢子的密度（最好预先计算出当时大概的萌发率）。新鲜的种藻果孢子萌发率一般可达30%～50%，而冷冻的种藻果孢子萌发率比较低，只能达到20%左右。

1. 投入果孢子密度的计算

投入果孢子密度，以每平方厘米的贝壳上面投放的果孢子数来计算。其计算方法是：先把贝壳排满池底，按池底的长宽求出池底的面积，然后以每平方厘米贝壳表面应投放的果孢子数来乘池底面积得出应投放的果孢子数；再将配制果孢子水每毫升所含的数乘以所需要的果孢子总数，即得出应该投放该池的果孢子水的体积。计算后搅动果孢子水并量出应用的体积，并加海水稀释再分几次均匀地洒布到排好的贝壳上。

平面培育，果孢子投放密度200个/厘米^2；立体培育，果孢子投放密度为250～300个/毫升为宜。用喷壶或小型水泵将孢子水均匀喷洒至吊挂好贝壳的池水中，并用小竹杆划动水体，使上下层孢子水均匀分布。孢子水要求在下午 15：00 前投放结束。

2. 果孢子萌发率的计算

果孢子洒到贝壳上以后，1~2 周即可进行萌发率的计算，计算萌发率不但能了解当年采果孢子的条件适宜与否，同时也可以了解种藻的好坏。根据萌发率的情况，决定是否需要补采果孢子。

果孢子萌发率的计算方法，通常用低倍显微镜把贝壳放在物镜下在较强的光照下，观察贝壳边缘与其他不同部位，计算几个视野。计算时应不断用吸管滴海水于贝壳上，避免丝状体干死。按每视野内附着的数，换算成每平方厘米的果孢子数除以原投入密度，即为萌发率。另外，也可以在采苗后两周左右，待肉眼见到红点时，在贝壳表面不同部位各划一平方厘米的面积，用放大镜或解剖镜计算，这样也可以计算出果孢子的萌发率。若果孢子萌发量不足（5~10 个/100×视野），应及时补足。

3. 自由丝状体移殖贝壳

一种坛紫菜苗种繁育的新技术，在自由丝状体生长到一定程度，可将其切碎，泼洒到贝壳表面，使其钻入贝壳珍珠层成为贝壳丝状体以扩大培养。中级工应熟练掌握自由丝状体移植贝壳技术，具体操作如下：

（1）贝壳

文蛤壳或其他珍珠层较厚的贝壳，新壳充分浸泡，剔除残留物，洗刷干净、处理后作为苗种附着基质备用。

（2）育苗设施

紫菜育苗室木架构或钢骨架、瓦屋顶或玻璃钢屋顶。育苗池为长方形，东西走向，南北采光，屋顶设透光窗采光；每个池长 15~20 米、宽

2.5~3.0米、深0.5~0.7米，池底为0.2%~0.3%坡度。另设暗沉淀池2个，蓄水量为育苗池一次用水量的3倍以上。选用5~6厘米贝壳作为采苗附着基。

（3）自由丝状体移植贝壳

自由丝状体接种量。根据自由丝状体的生长情况，使用需要适当调整，一般使用量为每100平方米的贝壳面积，接种10~15克鲜重的自由丝状体。

自由丝状体接种前粉碎处理。使用家用豆浆机或高速粉碎器，将自由丝状体反复粉碎，最后以用200目的筛绢无法把自由丝状体捞起来作为标准。

（4）粉碎后的自由丝状体接种

把按100平方米定量的自由丝状体粉碎后，加入200~300升海水，制成种子水，分4~5遍均匀泼洒到贝壳表面上。接种前，池内先放20厘米左右的海水以淹没贝壳。

自由丝状体移植贝壳的生态因子控制（图4.2）。水温为15~22℃，光照强度为500~2 500勒克斯，盐度为25~32，水深为20~30厘米。

用1克滤去海水的丝状体经过切碎，可以移植到250~300个贝壳表面上。可以用喷壶将切碎的丝状体均匀的喷洒到贝壳上，约两周后，丝状体碎片钻入贝壳。在未钻入前，不得摇动贝壳。

三、注意事项

① 每次检查贝壳内果孢子萌发数时，应在池中不同角度随意抽取数个贝壳进行检查，记录检查结果，减少误差。

② 自由丝状体移植贝壳时水温不宜超过20℃，光照要暗（500勒克斯左右），以免自由丝状体小断片见光后浮起，影响钻壳。等到钻壳后，再洗净贝壳上的的污物并换水，将光照增强到1 000~2 000勒克斯。

图 4.2　自由丝状体移植贝壳

第四节　贝壳丝状体培养和管理

一、学习目的

精确掌握贝壳丝状体缩光促熟技术。

能够准确判断贝壳丝状体的成熟度。

掌握坛紫菜良种贝壳丝状体培育技术。

二、操作方法

主要的管理工作除上述初级工几项基本技术管理之外，还需要有中级工严格值班，每天按时巡逻育苗室，观察贝壳丝状体情况。立体培养的要求及时进行上中下层贝壳的倒置，使之受光均匀，这项工作可以和洗刷贝壳、换水、施肥结合起来进行。为了对丝状体生长发育情况做到心中有数，要定期镜检丝状体，常用的去钙剂有柏兰氏液去钙或7%醋酸，去钙后检查贝壳丝状体。检查自由丝状体，可以直接取出一点材料在显微镜下直接观察。

1. 培养条件控制

贝壳丝状体培育一般在自然温度条件下进行，培育期间水温以13~28℃为宜，夏季高温时段，白天遮阴防晒，晚上开窗通风，以防丝状体发病死亡。8月下旬至9月上旬丝状体贝壳进入成熟后，应注意关窗保温，防止水温下降过快，引诱壳孢子流产。

（1）换水

采苗一周后育苗池全部换水，以后每隔10~15天换水1次，缩光后增加换水次数。换水期间应注意随时喷洒海水，防止贝壳丝状体干燥死亡。

（2）光照调节

光照调节分成四个阶段：果孢子萌发阶段（2—3月，1 000勒克斯）；营养藻丝生长阶段（4—5月，2 000~3 000勒克斯）；膨大细胞发育阶段（6—7月，1 500~2 000勒克斯）；壳孢子形成阶段（8—9月，1 000~1 500勒克斯）。

（3）洗壳

壳面附着少量硅藻和浮泥后，开始第一次洗壳，一般20~30天清洗贝壳1次，并结合换水进行。清洗贝壳要轻洗轻放，以免损伤贝壳丝状体。

（4）倒置与移位

随着贝壳丝状体的生长发育，上下层贝壳、不同位置培养的丝状体密度会出现明显差异，这时就要将贝壳进行倒置和移位培养。一般倒置2~3次，移位 1~2 次，使上下层贝壳和不同位置培养的贝壳丝状体均匀生长，布满整个贝壳呈紫红色，并达到生产要求。

（5）水温控制

夏季水温高，温差变化大，换水时间要在上午进行，中午结束。白天关紧窗门，晚上开窗通风，以利于空气对流，保持水温稳定。8—9 月为东南沿海台风多发期，北方冷空气开始南下，要注意做好防台和育苗室保温工作，防止壳孢子流产或者因台风造成损失。

（6）施肥

营养盐高的海区，丝状体培育一般不施肥或少施肥，贫瘠的海水要施肥。施肥分为三个时期：培养前期每吨海水施氮肥 5~10 克；中期施氮肥 10~15 克，施磷肥 6~12 克；后期施磷肥 15~20 克，不施氮肥。

2. 检查记录

前期可在低倍显微镜下直接检查贝壳丝状体生长发育情况，后期需取碎壳置容器中，用柏兰尼液溶壳取藻丝检查。镜检丝状藻丝、膨大细胞生长密度、发育和色泽变化情况、壳孢子囊枝出现时间和数量、壳孢子形成的时间和数量、杂藻及病害等，并做好育苗记录。

（1）环境条件的测定

丝状体的培育是紫菜生产中重要的环节，各生产单位在为本单位培养所需要的丝状体过程中，积累了不少经验，但从目前丝状体放散壳孢子的数量来看，还很不平衡，相差很大，如条斑紫菜丝状体有的只达 10 万级（日放散量每壳 10 万以上），有的可达百万级（日放散量每壳 100 万个以上），有的可达千万级（日放散量每壳 1 000 万个以上）。而坛紫菜丝状体每壳日放散量最好的可达千万以上，好的约 500 万，一般是 100 万~200 万，差的只有几十万个。这些现象说明，丝状体放散壳孢子的变动量与培养条件和培养技术有很大关系。今后丝状体培育的任务应是提高单位面积内丝状体的利用率，其实质就是提高每个贝壳的壳孢子的放散量，为此就必须掌握培育丝状体的规律，加强管理充分发挥技术的作用，人工创造条件，提供更好的培养方法。要不断从实践中总结经验，找出规律，因此每次培养丝状体就要有较详细和连续不断的培养记录。记录内容如下：

① 培养池与培育室内的每日温度变化。每天上午 6：00—7：00（代表最低气温与水温）与下午 16：00—17：00（代表最高气温与水温）各测量一次。每 10 天平均一次，求出每一旬的平均温度，以便进行观察比较。

② 测定光照条件的变化。可用照度计测量，在一旬中以一天晴天为准，测定池内最强光照与最弱光照，进行详细地记录，即使遇到阴雨天也要进行测量，这样可以做日光强比较。另外，每天应记录天气晴阴雨云，等等。

③ 池水比重变化的测定 。每次换水前应先测定新换海水的比重，如与原海水比重相差很大，则应调整到近似值。

④ pH 值的测定。一般不必经常测定，但在刚建的新池内培养，必须加测 pH 值，超过 8.6 以上则应及时换水。

（2）促进或抑制丝状体的成熟和壳孢子放散的技术措施

在生产中只有掌握了培养丝状体的技术才能适时地培养出足够的壳孢子，供秋季生产之用，一般不需要采取促进或抑制的措施。尤其，我国近几年来从北到南在培养丝状体方面已经积累了不少的经验，生产单位培养丝状体的技术不断提高，基本上能满足生产上的要求。但有的地方和在个别时间会出现意外情况，这几种情况大概是贝壳丝状体已大量成熟，而生产准备工作不够充分，不能在短期内采完壳孢子，为了避免壳孢子自然放散，或者生产季节已到而贝壳丝状体尚不够成熟，需要采取措施。另外一种情况是需要把贝壳丝状体运到其他地方，在运转过程中为了不使壳孢子自然放散，也要相应采取一些技术措施。在这几种情况下要有计划安排生产，掌握采壳孢子的主动权，需要采取措施抑制或促进丝状体的成熟。

通常，贝壳丝状体经过 5 个月的生长发育，到了 8 月，进入后期促熟阶段，时间 30~40 天。促熟期间必须做到"三勤一缩短"，即勤换水、勤施肥、勤检查、缩短光照时间。

（1）促进壳孢子形成与成熟的方法

施加磷肥促进丝状体成熟。当膨大细胞开始出现后，适当增施磷肥有促进丝状体成熟的效果。从坛紫菜试验的结果看，施加磷肥从 2.26~22.6 毫克/升的浓度范围，浓度高的比低的效果好。值得注意的是，必须使丝状体生长有良好的基础才行，否则不能收到预期的效果。

调整光照、温度促进丝状体成熟。光照和温度是培养丝状体的主要条件，在不同的生长发育时期，对光照和温度的要求都不相同。在 7—8 月间室内水温达到高峰，即将转为下降时，丝状体开始形成膨大细胞，这时可采用减弱光照和缩短光时（光强 1 000~500 勒克斯，光时 8~10 小时）的方法，促进膨大细胞大量形成，并且形成壳孢子。大约经过 20 天，双分孢子的形成可达到高峰。

由于秋后气温下降较快，如需要保持较高的水温，必要时可加水保温和紧闭窗户，这样对丝状体促熟有一定效果。在促熟期间如果用单独弱光（不缩短光时，仅使光强保持在 150~400 勒克斯）也可以收效，但是促熟效果较慢。一旦过了采壳孢子时期，成熟的壳孢子已经放散，但还有膨大藻丝，因为温度下降不再形成壳孢子，此时可将贝壳培养水温提高到 27~28℃，在恒温下 10~14 天就可出现壳孢子，并逐渐成熟。

如果条件允许，可以利用设备控制升降温度的办法促进或抑制丝状体的生长发育，达到在任何时间均可以采壳孢子的要求。

成熟度好的丝状体贝壳，肉眼观察壳面呈土黄色或棕褐色；镜检壳孢子囊枝伸出壳外呈"绒毛状"，孢子囊管呈"豇豆状"，并均匀排列管内，成熟的壳孢子聚集成葡萄状，呈金黄色，经过海水刺激大量集中放散壳孢子。

（2）下海促熟的方法

到秋季采壳孢子的时间，丝状体不能如期成熟，虽然通过上述措施仍然不能成熟时，可以把丝状体挂到海里促进成熟。壳孢子囊枝少的则挂两周以上，多而成熟度差的则需挂 7~10 天；已经成为双分孢子，就不要下海挂养，以防壳孢子在海中自然放散（图 4.3）。

图 4.3　坛紫菜贝壳丝状体下海促熟

三、注意事项

① 环境条件的测定是经常性的细致的工作，应该做到专人负责。

② 缩光期间应尽量使室内气流通，防止池水温度过高或气体交换不足而引起孢子囊枝的死亡。另外，缩光时要求培养池不漏光，否则达不到应有的效果。

③ 贝壳丝状体挂下海后，要经常进行显微检查，以掌握成熟度，及时取回进行采壳孢子。

第五章
高级工技能

第一节　育苗设施设备设计及准备

一、学习目的

了解坛紫菜苗种繁育设施要求及设计思路。

二、具体要求

高级工除掌握上述技能外，应该具育苗场备设计、建设及合理布局的技能。培养室的建设若从多方面利用和充分发挥其作用来看，不仅是培养丝状体，而且还可以兼做秋季采壳孢子之用。因此，在设计时首先考虑的应以满足丝状体各阶段生态所需要的条件，以及防治丝状体病害的蔓延为前提，并尽量兼顾到人工采壳孢子等所需要的条件。为了提高生产效果，还应考虑苗种工厂化、机械化与自动化所需要的设备，进一步使我国培育丝状体及采壳孢子达到世界先进水平。

三、育苗设施的设计

育苗设施主要包括培养室、培养池及供水排水系统几个部分。

培养室的大小、形式，主要决定生产规模并留有一定的余地，根据生产经验每平方米的丝状体培养面积可以供应一亩栽培紫菜面积来考虑培养室的大小。随着培养技术不断的提高，今后单位面积丝状体的利用率还可以有很大的潜力。

培养室以东西走向较为适宜，可以避免直射光对丝状体产生有害的影响。室内照光条件是通过设置天窗与侧窗的多少以及覆盖窗帘来调整，北方的培养室以天窗为主，侧窗为辅；南方以侧窗为主，天窗为辅。开窗的大小与式样可以因地制宜，原则上既有利于取光，又不妨碍培养室的坚固性，因而开窗的面积与培养室要有一定的比例。以侧窗为主的地方，侧窗的面积占四周墙面积的 1/3 左右，外加占培养室底面积的 1/10 左右的天窗；北方以天窗为主，侧窗为辅，主要起通风作用，天窗的大小约占培养池面积的 1/2 或 1/3，侧窗占屋顶的 1/6，既有利采光又有利于通风。光照条件的调整可以借助设置窗帘布，根据天气情况来调整光强。当然，也可以用更简易的办法，如粉刷石灰与张贴白纸来调整光的强弱。

根据贝壳丝状体在池中排列是立体与平面以及培养的任务来设计池的长短、深度与大小。平面培育池的深度一般为 20~30 厘米，立体培育池的深度为 50~70 厘米。培育池的走向可以与育苗室走向平行或者垂直。南方因为水温升高较快，立体池的大部分深度应设置在地平面以下，这样可以缓和池水受气温的影响。培养池的宽度要求主要以方便于操作以及充分利用培养室的面积为准则，各地立体池的宽度约为 1.5 米。在池底纵向应有一坡度，以利加速排水，排水口安排在水位低的一端，且排水口应大于进水口。

平面培养和立体培养丝状体各有其优缺点，对育苗设施也有不同的要求。

平面培养丝状体受光均匀，成熟度均一，有利于壳孢子的形成，而且操作比较方便，节约人力与器材。坛紫菜多采用多用立体培养紫菜丝状体，这种方法培养的贝壳丝状体数量比同面积的平面培养的数量多，同时可以缓和水温的升高；缺点是丝状体成熟度在上下层间相差很大，管理操作也比较麻烦，且人力与器材消费较多。目前，丝状体的培养方向应该提倡以提高单位面积贝壳丝状体的利用率为目标，改变过去只注意培养数量多而忽视培养质量的现象，如何能够立体利用育苗室进行培养丝状体是今后应该考虑的又一个问题。

四、适应生产实践，备好育苗设备

丝状体生长发育的好坏与海水的成分以及海水中敌害生物的多少有关，为了防止病害的发生，海水使用前要经过严格的处理。小规模的培养，可以用加漂白粉或紫外光照射，甚至加热到 70℃ 左右来消毒，但大规模培养丝状体时，实践证明最有效处理水的方法，是用黑暗沉淀法，把海水抽到蓄水池内，池顶加盖，经过至少 3 天或一周以上的沉淀，经这样处理的海水，其中所含的生物和什藻以及它们的孢子都明显减少。用这种海水培养丝状体，证明比用不经过处理的海水培养丝状体，大大减少了病害的发生。蓄水池的大小形状可以随培养丝状体的规模而定。一般蓄水池容水量为培养池用水量的 2 倍来设计，蓄水池最好分为两三个分蓄水池，可以分开进行沉淀轮流使用。蓄水池位置应高于育苗室内培养池，在蓄水池底约 30 厘米处留一排水孔，使沉淀的海水从此孔内自然地流入培养池内，在池底再开另一洞，以便排出清除池底后的污水。可以把在蓄水池经过沉淀的海水再经过一个过滤池，使海水得到进一步净化，效果更好。实践证明，在大规模生产时，用蓄水池经过充分沉淀的海水，就能满足生产要求，因此也就不需再增设过滤池。

新建的蓄水池和培养池同样，在使用前要经过充分沉淀，并在使用过程中还要经常测定 pH 值的变化。

培养室内外和蓄水池的一些流水排水管道系统都应用塑料管为宜。

以上主要是培养贝壳丝状体时培养室所需要基本建设的条件。如果培养自由丝状体时，除水的消毒要求比较严格外，应重点考虑增加消毒海水的设备，条件基本与培养贝壳丝状体相同，不必再重新建造育苗室，利用原有的培养室能培养出良好的自由丝状体。

坛紫菜苗种繁育高级工在建设或选择后，应具备指导中级工进行育苗前清场准备工作的能力，主要包括环境条件检测、附着基处理、吊杆摆放、贝壳挂杆、水处理等工作，使育苗场车间的设施、设备及材料能够满足坛紫菜苗种生产需要并进行一定程度的应急处理（图 5.1）。

图 5.1　标准化坛紫菜育苗车间

五、注意事项

① 如用新建的水泥池，必须事先经过充分浸泡后才能使用，以免发生由于 pH 值升高抑制丝状体生长。即使已经经过浸泡的、已开始使用的新池，在使用过程中，要定期测定池水的 pH 值，如遇有升高现象，应立即更换海水，以免引起丝状体的死亡。

② 适合建造培养室的场所应首先考虑在有淡水供应，海水没有污染抽取

海水比较容易的海边。

第二节　种藻的选择与处理

一、学习目的

熟练掌握种藻选择与处理方法。

精确掌握采果孢子技术。

二、具体操作

种藻的选择与处理：人工栽培或自然生长的藻体，无病害、有光泽、无附着物，生长良好；叶片暗紫绿色或略带褐色或呈深紫褐色，边缘有成片深紫红色果孢子囊区域，无畸形，长度大于 20 厘米，宽度大于 1.6 厘米。藻体健壮，有光泽，无硅藻附着，肉眼见叶片边缘孢子囊群面积较大，有明显的紫红色斑点，镜检可见成熟的果孢子囊群。挑选的种藻用海水洗去杂藻浮泥，经脱水阴干失去水分 60%左右，即可用于果孢子采苗，或将阴干种藻保存于 −15～−20℃冷库中备用。将采集的种藻放入白瓷盘中自然光照下观察，直尺测量，后将挑选出的种藻阴干至藻体出现盐霜后装入透气袋子运输，运输时应尽可能在夜晚进行、白天运输时应避免阳光直射。

最好选择晴天上午将阴干的种藻放入采苗池（水桶）内加入沉淀海水搅拌刺激，海水与种藻比例不低于 10∶1。若种藻为冷藏的则先解冻，用清洁海水清洗 1~2 遍，然后阴干失去水分 60%左右后，再放入盛有清洁海水的采苗池（桶）中刺激放散，并持续搅动海水使其大量放散果孢子，其间可吸取水样镜检孢子的数量和质量。放散至中午 12：00 前捞出种菜，用 60 目聚乙烯网袋过滤孢子水，镜检计数孢子量，计算各池所需的孢子水量并及时泼洒。

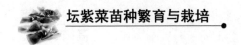

种藻可多次阴干放散。还要随时检查放散量，如果孢子水的浓度已达足够采孢子的要求时，可以将种藻捞起，如还要再采，可以把种藻进行阴干加以低温保存待用。种藻一般可用 2~3 次。

平面培育：果孢子投放密度每平方米 200 个；

立体培育：果孢子投放密度每毫升水体 250~300 个为宜。

用喷壶或小型水泵将孢子水均匀喷洒至吊挂好贝壳的池水中，并用小竹杆划动水体，使上下层孢子水均匀分布。孢子水要求在下午 15：00 前投放结束，若果孢子萌发量不足（5~10 个/100×视野），应及时补足。

为了保证果孢子的质量，从冷冻库中拿出的种藻，如发现有糜烂现象，可以用沉淀海水迅速轻洗一遍，再进行阴干然后使用放散孢子。实践证明，这样处理的种藻再放散的果孢子，其萌芽率比较高，种藻使用过可以再阴干或冷冻待下次使用，每批种藻可以供采果孢子 2~3 次，第二次和第三次的果孢子均有比第一次的质量好的倾向。

三、注意事项

种藻的挑选及处理是坛紫菜育苗成败的关键，操作人员需要一定的工作经验，尤其是高级工必须具备坛紫菜苗种繁育的实践经验，才能够很好地判断种藻的好坏。此外，高级工还必须具备指导中级工进行果孢子采苗过程中果孢子浓度、萌发率的检测，保证苗种的萌发量处于生长最适密度。

第三节　自由丝状体扩培

一、学习目的

掌握坛紫菜良种自由丝状体扩繁技术。

二、自由丝状体大规模无性繁殖技术操作方法

1. 一级扩培

培养装置：玻璃瓶，体积为 500 毫升。

方法：在室内用静止法培养自由丝状体（种子），使其无污染扩增，所用海水必须经过高压高温灭菌处理。每周换水 1 次。使用培养基为 MES。

2. 二级扩培

培养装置：带嘴充气玻璃瓶，体积为 1 000~2 000 毫升。

方法：在室内用气升式培养对自由丝状体（种子）无污染扩大培养，所用海水必须经过高温高压灭菌处理。空气需要经过 3 道过滤处理，使进入瓶内的空气无污染。每周换水两次。使用培养基为 MES。

3. 三级扩大培养

培养装置：细口玻璃瓶，体积为 10~20 升。

方法：在室内用气升式培养，所用海水必须经过高压高温灭菌处理。空气需要经过 3 道过滤处理，使进入瓶内的空气无污染。每周换水两次。使用培养基为 MES。

4. 四级大规模扩增

培养装置：玻璃瓶或专用气升式反应器，体积为 100~500 升。

方法：在室内用气升式培养，所用海水必须经过漂白粉处理，杀死海水中的单细胞藻类和其他小生物，然后经过 200 目的筛绢网过滤后使用。空气需要经过 3 道过滤处理，使进入瓶内的空气无污染。每周换水 2 次。营养盐：

加硝酸钠和磷酸二氢钾，以及必要的微量元素。

四级扩大培养后就可以进行自由丝状体移植贝壳（图5.2）。

图5.2　自由丝状体实验室扩培

自由丝状体培养过程中，最主要的问题是避免杂藻污染，因此操作要仔细，从种藻到采果孢子要严防带入硅藻。海水要消毒，做到除去什藻及其孢子的存在，这一点千万不要大意。至于培养所需的物理及化学条件，基本与贝壳丝状体一致。要根据培养的紫菜种类决定培养的条件、培养的设备，可因地制宜，培养瓶可以定制也可因陋就简或用生理盐水或葡萄糖瓶，或者用三角烧瓶，或者其他透明的容器均可。专家曾用维尼龙线苗板使自由丝状体生长于上，苗板再放在大培养瓶内。

第四节　采果孢子和自由丝状体移植

一、学习目的

熟练掌握采果孢子条件控制。

了解掌握自由丝状体移植贝壳技术。

二、操作方法

采果孢子应注意的相关参数已在本篇第三章第二节中详述，果孢子采集密度在第四章第三节中已有说明，此处省略。

从盐度、pH 值、温度及光照几方面来看，在采果孢子的适宜季节，水温一般可以不必考虑，只要加强注意海水比重与光照的变化，及时进行人工调整与控制就可以了。如果是新建育苗室，则应注意 pH 值的变化。培养条件合适与果孢子比较健壮的时候，一般在投放果孢子后 3~5 天，把贝壳力放在低倍镜下，可以看到果孢子已经钻入壳内，并且已经开始萌发，一周后肉眼仔细观察，可以看到粉红小点的藻落。高级苗种繁育工在调整好生产调件后，应适时反复对果孢子钻壳情况进行镜下观察，以便适时进行掀膜、换水、洗壳等后序生产工作。

第五节　贝壳丝状体培育与管理

一、学习目的

精确辨别贝壳丝状体各发育时期的颜色与特征。

熟练掌握贝壳丝状体培育与管理技术。

二、操作方法

紫菜高级工应掌握坛紫菜新品种自由丝状体采苗后，贝壳丝状体的培育技术，主要采用洗壳、换水、施肥、倒置和光照调节等多项技术措施，促进贝壳丝状体的生长发育。

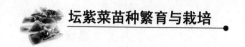

1. 坛紫菜传统养殖品种苗种培育技术

（1）条件控制

贝壳丝状体培育一般在自然温度条件下进行，培育期间水温以 13～28℃ 为宜，夏季高温时段，白天遮阴防晒，晚上开窗通风，以防丝状体发病死亡。8 月下旬至 9 月上旬丝状体贝壳进入成熟后，应注意关窗保温，防止水温下降过快，引诱壳孢子流产。

（2）换水

采苗一周后育苗池全部换水，以后每隔 10～15 天换水 1 次，缩光后增加换水次数。换水期间应注意随时喷洒海水，防止贝壳丝状体干燥死亡。

（3）光照调节

参照本篇第三章第三节中的"光照条件的调节"。

（4）洗壳

洗壳参照本篇第四章第四节中的操作方法。

（5）位置与移位

位置与移位参照本篇第四章第四节中的操作方法。

（6）水温控制

水温控制参照本篇第四章第四节中的操作方法。

（7）施肥

施肥参照本篇第四章第四节中的操作方法。

（8）丝状体促熟

贝壳丝状体经过 5 个月的生长发育，到了 8 月，进入后期促熟阶段，需要 30～40 天。缩光期间必须做到"三勤一缩短"，即勤换水、勤施肥、勤检查，缩短光照时间。

（9）丝状体成熟度辩别

成熟度好的丝状体贝壳，肉眼观察壳面呈土黄色或棕褐色；镜检壳孢子囊枝伸出壳外呈"绒毛状"，孢子囊管呈"豇豆状"，并均匀排列管内，成熟的壳孢子聚集成葡萄状，呈金黄色，经过海水刺激大量集中放散壳孢子。

（10）检查记录

前期可在低倍显微镜下直接检查贝壳丝状体生长发育情况，后期需取碎壳置容器中，用柏兰尼液溶壳取藻丝检查。镜检丝状藻丝、膨大细胞生长密度、发育和色泽变化情况、壳孢子囊枝出现时间和数量、壳孢子形成的时间和数量、杂藻及病害等，并做好育苗记录。

2. 坛紫菜"申福2号"贝壳丝状体培育技术

贝壳丝状体培育阶段，主要采用洗壳、换水、施肥、倒置和光照调节等多项技术措施，促进贝壳丝状体的生长发育。

（1）洗壳与换水

洗壳与换水是培育期间稳定培育条件的主要措施之一。洗壳是保持贝壳干净的最好办法，育苗期间共清洗贝壳5~6次，并结合换水进行，洗壳时间和次数主要视硅藻附着情况而定。一般20天左右洗壳1次，洗壳使用柔软的泡沫塑料或纱布，且轻洗轻放；贝壳干露时间不宜过长，以免损伤贝壳丝状体而引起病害。培养期间育苗池进行多次换水，在6月之前，间隔10~15天换水1次，结合洗壳进行；6月以后的中、后期，一般15天换1/3~1/2水量，水的温差不超过2℃。水质要求海区无污染、水源干净、盐度稳定，抽取的海水至少经过2天暗沉淀处理或沙滤后使用。下大雨或洪水期间不抽水。尽量保持海水新鲜度，以利于贝壳丝状体生长发育。换水期间，贝壳丝状体离水时间不能过长，应适时喷洒海水，保持贝壳湿润，以免影响贝壳丝状体生长。

（2）光照调节

调节光照强度，是贝壳丝状体培育的一项重要工作。在丝状体生长发育过程中，主要根据不同时期的丝状体生长发育对水温、光照等环境条件的不同要求，适时地调整光照强度（表5.1）。

表5.1 坛紫菜"申福2号"贝壳丝状体生长发育的光照密度控制

生长发育时期	时间范围	光时（小时）	光照强度（勒克斯）
体细胞萌发期	自由丝状体移植贝壳后20天内	全日照	500~1 000
营养藻丝生长期	7月水温26℃以前	全日照	2 500~3 000
膨大藻丝前期	7月至8月中旬	全日照	2 000~1 000
膨大藻丝后	8月中下旬至9月上中旬	8~10	1 000~1 500

（3）施肥

为促进丝状体生长发育，增加藻丝密度，根据贝壳丝状体生长发育状况，培养前期主要施氮肥5~10毫克/升、磷肥1~2毫克/升；中期施氮肥10毫克/升、磷肥2~5毫克/升；缩光期的后期停施氮肥，单施磷肥10~15毫克/升，并结合换水进行施用。

（4）贝壳倒置、移位与调整

适时倒置、移位与调整，是促进丝状体贝壳均匀生长的重要措施。培养期间根据贝壳丝状体生长情况，在洗壳换水同时进行倒置、移位与调整，以利丝状体贝壳上下层均匀受光，生长平衡。

（5）水温控制

育苗池的水温随着气温的变化而变化，特别是夏季，高温持续时间长，水温高，室内温差大，育苗池换水选择在早上进行，以防瞬间水温变幅太大，引发丝状体病害。白天关紧门窗，减少室外热空气流入室内；傍晚打开窗户，使空气对流达到降温的目的。8月下旬丝状体贝壳成熟后，应关紧门窗注意保温，防止水温下降过快，以防壳孢子过早释放、流产。

（6）贝壳丝状体生长与发育检查

根据试验情况得出，坛紫菜"申福2号"自由丝状体移植贝壳采苗，选择海水温度在15~20℃为佳，切割丝状体的水温不超过25℃，切割时间60~90秒，切割成300~500微米的藻丝段，切碎后取样计数后，按每平方厘米贝壳投放丝状体切断300~400段为宜。丝状体占壳萌发到肉眼可见的时间，随着温度升高，见苗时间缩短。水温在10~13℃时，显微镜能检查到贝壳丝状体需40天左右；水温在15℃左右时，显微镜能检查到贝壳丝状体需20天左右；水温在20℃左右时，显微镜能检查到贝壳丝状体只需7~10天；15天左右，即可肉眼见苗。

（7）贝壳丝状体后期调控与壳孢子成熟与放散

传统养殖种的贝壳丝状体一般在壳孢子采苗前25~30天开始缩光促熟，坛紫菜"申福2号"贝壳丝状体需提前本地种10~15天开始缩光促熟效果较好。准备壳孢子采苗前，各取坛紫菜"申福2号"和本地品种的贝壳丝状体数个，进行海上流水刺激，次日清晨6：00取回贝壳进行壳孢子放散试验，统计每个贝壳的壳孢子放散量。

三、注意事项

① 换水期间，贝壳丝状体离水时间不能过长，应适时喷洒海水，保持贝壳湿润，以免影响贝壳丝状体生长。

② 8月下旬丝状体贝壳成熟后，应关紧门窗注意保温，防止水温下降过快，以防壳孢子过早释放、流产。

③ 培养期间须根据贝壳丝状体生长情况，在洗壳换水同时进行倒置、移位与调整，以利丝状体贝壳上下层均匀受光，生长平衡。

第六节　贝壳丝状体主要病害

一、学习目的

了解坛紫菜贝壳苗各种病、敌害的特征与病源。

掌握基本防治措施。

二、具体内容

1. 病害的种类

在培养紫菜丝状体的过程中，丝状体也会发生各种病害，轻者影响其生长发育，重者造成丝状体大量死亡，进而影响了秋季的生产。引起病害的原因，大致可以分为培养条件（理化因子）和生物因子，如病菌什藻等所引起。生物因子又分为附生在贝壳上和钻入贝壳内的杂藻和微生物两类情况。解决丝状体的病害应该贯彻预防为主、防治结合的原则。预防为主，就是对海水的处理要严格，培养过程理化因子的控制调整应该充分给予注意，并采取综合措施。因为生物因子引起的病害也往往由于海水处理不严，再加上理化因子不适，影响丝状体的正常生长发育，使细菌杂藻有乘虚而入的机会，因此只要海水处理干净，理化因子注意调整，病害的发生就可以预防。一旦发病，仍要正确判断病因和病害种类，对症下药，积极采取治疗办法予以根除，防止蔓延。由于对甘紫菜丝状体、条斑紫菜丝状体病害的研究较早，近些年来坛紫菜丝状体病害也偶见发生，但随着培养技术的提高，病害基本上威胁不大。不过，从病害研究方面看对病害的研究还不够，尤其对病因、病理、病原等尚缺乏深入的研究。

现将国内外常见紫菜丝状体病害的种类及简单治疗措施介绍如下：

（1）黄斑病

在培养甘紫菜、条斑紫菜和坛紫菜丝状体的过程中，这种病是最常见、危害最大的病害之一。发病时先在壳面上生出黄色的圆形小斑，斑点开始较小如针尖状，以后逐渐扩大，可以互相连接成一个大斑，严重时斑斑相接成一大片。开始多发生在贝壳边缘，然后向四周蔓延，最后使丝状体全部死亡。

此病的病因是由病菌引起的，该种病菌属好盐性的，当培养的光线偏强、温度升高、海水比重上升、多发生这种病。在黄斑病初期，可把少数患病贝壳隔离培养。当丝状体大量发生病害时，可用低比重 1.005 的海水浸泡两天，或者用淡水浸泡一天，然后全改换新的沉淀海水，有明显治疗效果。也可以用 10 毫克/升对氨基苯磺酸浸泡 15 小时，或用 2 毫克/升高锰酸钾浸泡 15 小时，亦有疗效。对坛紫菜丝状体群众多用漂白粉处理，浸泡 5~7 天。也可以用万分之一高锰酸钾海水浸泡 5 分钟，均有一定疗效。

在用淡水处理治疗黄斑病时，应注意淡水对膨大藻丝的影响，膨大藻丝形成后如果浸泡淡水时间过长容易引起死亡，成熟度大的影响更为明显。如果膨大细胞死亡，就会影响秋季采壳孢子，因此应特别慎重。为了防止黄斑病的发生，应在预防上下功夫，即对培养丝状体的海水要做到充分黑暗沉淀，并且使培养光线适宜、比重适宜，尤其保持室内池水的清洁，还要避免使贝壳表面丝状体受伤。

（2）泥红病（又称红砖病）

这种病病因亦属微生物性的，发病时贝壳表面呈现泥红色，手摸时黏滑感、有臭腥味，如果不及时处理则病情很快蔓延。发病期多从 7 月至 9 月底。在北方大量发病可以用浓度为 1×10^{-4} 的漂白粉溶液冲洗贝壳，连培养池也应进行充分消毒，然后重新更换培养海水。用 1.005 低比重海水浸泡 2 天也有

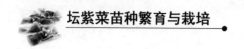

一定效果，洗刷换水也能起到抑制病情蔓延的作用。坛紫菜也可先用浓度为 1×10^{-4} 的硫酸锌溶液处理，然后再用流动海水培养 1 天。

（3）白圈病和龟纹病

这两种病从形态看亦属微生物引起的，淡水治疗效果不好。

白圈病开始不易发现，它的特征是白圈不重叠，相交处有明显的界线，并杂有黄色小斑点。在显微镜下观察白圈内膨大藻丝死亡，丝状藻丝也不健康。未发病部分的丝状体仍能形成和放散壳孢子。

龟纹病的特征是整个贝壳或部分出现白色龟纹，龟纹处丝状体死亡，龟纹间丝状体色淡。这种病危害程度不太大，但目前未找到有效的治疗方法，治疗方法尚待进一步研究。

（4）绿变病

病症发生在 4—8 月，原因是因为光线和温度不均以及海水中营养盐不足引起的。病时整个贝壳表面都变成黄绿色，如不及时治疗则变白死亡。治疗的方法，首先添加营养盐，并适当降低光照强度。

绿变病是生理性病害，不传染。

（5）鲨皮病

生长繁茂的丝状体容易得鲨皮病，得病后贝壳表面粗糙，形如鲨鱼皮、无光泽。此病多发生在光线强、不换水的情况下，由碳酸钙沉淀于贝壳表面造成的，患病后可以采取降低海水比重，及时换水，调整光线和营养盐等条件，使培养条件稳定就可以减少发病率。在我国发生这种病的量不多，故危害并不严重。

（6）赤变病

这种病在日本为常见病，从病情看来类似泥红病，对它们的预防措施就是保持培养室内光照的明亮和良好的通风条件，尤其在连日阴雨天的情况下要特别注意。

（7）白斑病

其症状是在健康的丝状体上出现不规则的白斑，病情发展迟缓，严重时亦可以引起丝状体死亡，治疗方法是换水并以直射日光进行照射处理。

此外，附生硅藻及占壳藻的危害也不可轻视。

培养的贝壳丝状体，如果海水处理不干净，或者光线偏强，附生大量的硅藻。由于硅藻的繁生，不但吸收海水中的营养盐与丝状体争肥，而且使海水污染变质，严重时使丝状体生长停止。为了防止硅藻，生产上采取的办法是把海水充分净化沉淀，减少水中硅藻数量，调整培养的光照条件适合于丝状体的生长，而避免过强的光线。如附有硅藻应及时清洗贝壳与培养池和更换海水。

钻入贝壳的杂藻一般有蓝藻与绿藻两类，它们一旦钻入壳内与丝状体在贝壳内争夺生长基质，争夺营养盐，严重地影响丝状体的生长发育，使培养丝状体的生产完全失败。

钻入贝壳内的蓝藻为蓝枝藻（*Hyella*），这种蓝藻可以钻入贝壳内与丝状体混生在一起，肉眼看，在贝壳内成暗绿色不规则的小斑点，它由块状细胞群和丝状部分组成。在条斑紫菜和坛紫菜丝状体的培养中因为海水处理不净，光线过强，丝状体长不起来，也发现有些蓝绿藻呈暗灰色的小圆斑状却生长很好，严重地影响丝状体培育。

如果发现早，可以重采，如果已经大量繁殖，目前还没有什么办法治疗清除。作为总结，现将坛紫菜贝壳症状体主要病害及防治方法，概括于表5.2。

表 5.2 坛紫菜贝壳丝状体主要病害及防治方法概括

病害	病因	症状	防治方法
黄斑病	好盐性细菌引起	发病时在壳面上出现黄色的圆形小斑点，以后逐渐扩大成一个大斑，严重时连成片。开始多发生在贝壳边缘，然后向壳中央及四周蔓延，最后使丝状体变白死亡	预防：培养海水必须充分黑暗处理 治疗：①用低盐度（6~7）水浸泡 2~5 天；②用全淡水浸泡至黄斑变成白斑；③用 100 毫克/升的对氨基苯-磺酸浸泡 15 小时，或用 2 毫克/升高锰酸钾浸泡 15 小时；④壳孢子囊枝形成前期用全淡水浸泡 24 小时，壳孢子囊枝大量出现后用海水：淡水 1∶（1~3）配液浸泡 7~9 天，也可用 1 毫克/千克高锰酸钾浸泡 15 小时后全换水
赤变病（泥红病）	由微生物引起	壳面成片出现泥朱红色斑块，有黏滑感，下层贝壳先发病，有特殊的腐臭，传染快，病情重，此病出现于高水温期	预防：保持培养池的明亮和良好通风。治疗：①日晒（贝壳放置水中）20~30 分钟，然后换新水。②用浓度为 1×10^{-4} 的漂白粉液冲洗贝壳。③用低盐度（6~7）水浸泡 2 天至砖红色转黄为止，并用清洁海水洗净培养。发现病壳应及时拣出处理，严重时全池处理，育苗池必须清洗、消毒。④用 2~4 毫克/千克高锰酸钾浸泡 24 小时，全池换水
绿变病	光线和温度不均，海水营养盐不足	发病时整个贝壳表面都变成黄绿色，而后变白死亡	该病为生理性疾病，不传染。丝状体培育时期，培育条件不适宜时发生。减弱光线、倒置、换水、洗壳，可防该病发生
色圈病	由病原菌引起，与水质污染有密切关系	病壳呈现许多由里到外不同颜色组成的大小不同的同心圆。圆圈继续扩大，大的直径可达 2~3 厘米，严重的可覆盖整个贝壳	①用 5 毫克/升有效氯的漂白粉溶液浸泡 2~3 天，再放入清洁海水中培养，可抑制病情发展；②用 2 毫克/升土霉素浸泡处理

病害	病因	症状	防治方法
龟裂病	与光照条件突变，比重、水温变化有一定关系	病壳呈现大小不同的龟裂状，形似乌龟背壳，多发生在每年 6—8 月高温季节	① 用 2 毫克/升土霉素浸泡处理有一定效果； ② 保持环境净洁，注意光照强度和温差变化

2. 病害防治原则

为保证丝状体健康与正常的生长发育，预防病害的发生，必须尽量创造最合适的培养条件，减少甚至杜绝感染的机会与途径，这是非常重要的。几年来生产上采取的办法概括为：

（1）保持培养条件相对地稳定

在培育丝状体时，除了促进或抑制壳孢子放散而采取的一些措施外，一般不要使培养的条件在一天之内有突然的改变，特别是光照和温度对丝状体影响比较大的因子。有些病害的发生，往往都是在培育条件突然改变，影响丝状体正常生理活动，先发生生理性的病害，进一步再引起细菌性的病害。因此在培养过程中，每天的 pH 值、海水比重、光线、温度、施肥浓度等都要尽量适度。

（2）水质的净化处理要彻底

水质不洁是引起丝状体生病的重要原因之一，尤其海水不经黑暗沉淀就直接使用，丝状体患黄斑病的概率较高。因此，在海水用前要严格处理，减少海水中微生物量，再加上合理的管理技术，可以达到少发病的目的。

（3）加强管理，减少丝状体病害

在洗刷贝壳时保持不脏不洗，洗时应尽量不要使贝壳表面受到机械损伤。

还应注意调节培养室的光线，如果立体培养时注意上下串的倒置，防止光线过强过弱与直射光。并经常保持培养室内的清洁。

如果发现有生病贝壳丝状体，特别是带有传染性的如黄斑病传染，应该及时隔离治疗，以防蔓延扩大，减少损失。

3. 注意事项

目前，对丝状体的病害仍以预防为主，在生产实践中要坚持预防原则及技术措施。

第三篇　栽培工技能

第六章
初级工技能

第一节　网帘的制备及处理

一、学习目的

掌握网帘规格挑选方法。

二、具体内容

采用维尼龙绳作为紫菜附着基，规格为 3 股 6 花 84 丝或 102 丝。质量好的维尼龙绳比较柔软、手感好，绳头用火烧后呈橙黄色，并有很强的黏性；质量差的维尼纶绳手感粗硬，绳头用火烧后呈炭黑色，黏性很差。

新的维尼纶绳帘子要提前在淡水中浸泡半个月，并经过数次换水和揉洗，直到有害物质清除干净，再晒干备用。已用过的旧帘，在采苗前要将旧条帘在泥土里掩埋，去除菜头和杂质，然后将帘子进行人工揉打、漂洗、晒干备用。

苗帘分为条帘、方格帘及竹帘。东南沿海多使用的帘子为条帘，其规格为 3.6 米×3.8 米或 4 米×4 米，180 平方米苗帘的面积为 1 亩的养殖面积。

坛紫菜的网帘大部分使用维尼纶编制，各地规格差异较大，应该根据养殖模式、筏架规格和当地常用网帘规格来挑选网帘。

一般苗帘分为条帘、方格帘，以每 180 平方米苗帘的面积为 1 亩的养殖面积。

三、注意事项

新苗帘须充分浸泡，洗至苗帘不产生泡沫后晒干备用。旧苗帘应密封堆放或掩埋含砂质泥土中，使原紫菜固着器及杂藻充分腐烂后，洗净晒干备用。

第二节　采壳孢子

一、学习目的

熟练掌握坛紫菜壳孢子采苗基本技术。
了解日本采壳孢子技术。

二、操作方法

当贝壳丝状体成熟后，即可开始采壳孢子，即使贝壳丝状体放散出来的壳孢子附着在已经准备好的网帘上。采壳孢子的方法无论利用贝壳丝状体做壳孢子来源还是利用自由丝状体做壳孢子的来源，一般可以分为室内采孢子、海区泼孢子水、浮动框架式采孢子（选修）、半封闭式采孢子（选修）等，至于哪一种方法为好，可以因地制宜，不必强求一致。

1. 室内采孢子

出于丝状体的培养技术不断提高，秋季采孢子季节来临时，丝状体可以如期成熟，加上设有丝状体培养室，完全可以在培养池内进行全人工采孢子。这种采孢子方法，人工控制程度较大，附着孢子比较均匀，速度又快，不仅可以节约贝壳丝状体的用量，采孢子比较稳定，而且可以有计划地进行生产。现在多数地区均以此法为主，其采孢子步骤与方法如下：

（1）检查壳孢子的放散量

南方水温下降到28℃以下时，坛紫菜丝状体可以放散壳孢子。壳孢子日放散量的检查可以在池水温度下降到22℃开始进行，每天进行一次。贝壳在平养条件下，同一培养池中的贝壳丝状体放散孢子情况大体上是一致的。不同培养池的贝壳丝状体，则有较大的差别，因此孢子放散量检查以培养池为单位，做到每天检查一次，并记录。在检查中如果发现有5万以上的壳孢子日放散量时，就可以开始用少量网帘放到培养池中进行试采。生产上大批采壳孢子应当在出现在10万级以上的日放散量时进行。在采条斑紫采壳孢子以前，贝壳丝状体不需下海刺激。

坛紫菜由于贝壳是立体培养的，上、中、下各层贝壳的日放散不同，有时差别很大，加上坛紫菜丝状体经下海刺激后才能比较集中地放散。因此取样时，除在池内设立各点，在每点上、中、下各层取贝壳数个，然后在前天晚上将贝壳丝状体进行下海刺激或室内刺激，第二天才能进行壳孢子放散量试验。多年来，习惯上在出现几十万个壳孢子时才开结进行生产性的采孢子，一般先集中采成熟度比较好的上层孢子，使中、下层的继续成熟。把选好的贝壳装入网袋内在头一天晚上进行下海刺激或室内进行流水刺激，第二天上午6：00以前放回室内，然后排列采孢子池中；池中加入新的沉淀过的海水，使壳孢子放散。有时也可以把上、中、下三层中比较均匀地搭配起来使用，防止早熟的提早放散，不成熟的还可以继续培养待熟。

（2）下海刺激法

该方法一直延用到现在，成为坛紫菜全人工采孢子的一种技术措施。下海刺激虽然效果好，但大面积生产时，贝壳用量多，挂下海去耗费劳力很多，尤其在距离岸边较远的海区，用人工挑贝壳时劳动强度大，又影响贝壳丝状体的健康，加之在海上受潮汐风浪的影响，贝壳丝状体受到摩擦损伤甚至大批丢失。事实上，全人工采孢子从人工放散壳孢子到人工采孢子附着都在水池中进行，是较为理想的，这样可以实现工厂化生产。厦门水产学院等单位1973—1975 年进行了室内流水刺激法的试验，效果比较好。

（3）室内流水法

在采苗季节内只要丝状体成熟良好，都可以达到大量放散的目的。流水刺激能促进壳孢子的放散，已为生产实践所证明，但其机理尚待进一步研究。坛紫菜是好浪性的，不仅表现在叶状体，也表现在壳孢子。壳孢子要从丝状体放散出来，须经过比条斑紫菜要大的海水冲动，壳孢子需要更多的气体、营养、动力因素等条件才能成熟放散。所以，坛紫菜只有温度下降还不够，还要有一定的流水刺激。实践证明，结合降温再加以流水刺激，其效果更好。

（4）铺放网帘

当坛紫菜壳孢子放散量已达到采孢子要求时，就可以铺设网帘进行采孢子。坛紫菜采孢子时，各地培养池大小及设备条件不一致，所以铺设网帘的方法也多式多样。有的直接将条帘每十个为一组，平铺在池底，网帘有的平铺，也有几个折叠成捆，然后数捆按层排放在池中。每池放帘多少，视池之大小而定，贝壳丝状体的用量按每亩一定量（视贝壳大小成熟度而定）放在网帘之间或池边。通常以不妨碍水流畅通和操作方便为原则，使孢子有更多的机会附着到网上。

（5）搅动池水

搅动池水是采孢子过程中非常重要的工作，它直接影响采孢子的质量，因此工作人员必须认真操作，加强搅动海水。根据搅动海水的方式不同，通常把采孢子方法分为不同的类型，归纳起来可分为以下几种全人工采孢子方法（图6.1）。

图6.1　室内采壳孢子

① 冲水式采孢子法

具体步骤是先把网帘铺好，在保留较浅的池水情况下（一般为十几厘米左右）用人力或水泵冲水将壳孢子搅动。冲水时应使采孢子池的各个部位全面搅动，特别是上午9：00左右，正值放散壳孢子高峰的时候，更要注意勤冲海水。每冲完一遍可停止一段时间再冲，直到采完孢子为止。由于采苗池水较浅，用较小的搅动力就达到较好的效果，同时又可以相对提高水体内壳孢子的浓度，有利于孢子的附着。

② 流水式采孢子法

用动力带动水泵或搅动叶轮造成池内水流进行采孢子，如福建连江综合场，在采苗池的两端设有叶轮，通过电动使海水流动，贝壳的壳孢子在海水中随水流附着于网帘上。用这种方法采孢子，机械化程度较高，节省人力。如果海水流速缓慢，孢子分布不匀，也可以附加其他方法冲水。多年来，连江综合场一直采用这种方法进行采孢子生产，效果良好。

用流水式采孢子法应该注意：铺设的网帘厚薄数量要适当，不可过厚，因为水流是平行的，缺少上下搅动的力量，容易产生附苗不均的现象。水的深浅应以埋没过网帘为准，不可太深，否则对附孢子效果不好。需要在一定的时间加上冲水设备造成上下海水的搅动，帮助孢子的散布与增加附着量。叶轮动力大小，池水长度与采苗数量要配合好，否则容易形成中间水流缓慢，头尾水流急速的现象，造成头尾帘上附苗多，池中间网帘附苗差。

③ 通气搅拌式全人工采孢子

这种方法就是在采孢子池中安装一条与采孢子池等长的通气管（也可以在池中回旋），在管壁四周按一定距离均匀地打上一定大小的孔洞，安装动力，并送气于管内，带动通气管在池内来回摆动，即搅动海水。通过气泡搅动海水，使放散出的壳孢子能在池内较均匀地分布，然后附着在网帘上，通气管的下沿或上沿加上一条宽30毫米、厚5毫米与管等长的扁铁，然后每个池的通气管中部接上空气压缩机的通气管。使用时可开动装有往复杠杆的齿轮箱机器，带动各池的气管。

采孢子时把经过下海或室内刺激的坛紫菜丝状体按预定的数量，均匀的放在采孢子池底各个角落。再在通气管上架设一个网帘架，规格大小与采孢子池相似，网架上排放叠好的网帘（每捆12千克），然后开动空气压缩机和往复杠杆，使通气管在池底左右走动并产生均匀气泡和搅动激浪。这种壳孢子放散以后，不仅可以通过又是气泡又是搅动的水流使之在池水中散布比较均匀，而且增加附着机会。在采孢子过程中，按一定时间将上下网捆对调翻动，以防附孢子不均现象出现。

这种采孢子方法除了使壳孢子有附着机会外，还供给壳孢子附着萌发所需的气体。这样采孢子快，附着均匀，每日可采孢子多次。每个长9米×1.5米×0.7米的采孢子池，上午如采两批，即可采36~40亩；如果采三批，就可采 54~60 亩。一个育苗室只要开动 10 个池子，即可以在一天内完成 500~600 亩的生产任务。

④ 回转式（选修）

这种方式为日本使用的方式。在采孢子池上必有一定大小的转轮缠绕着网帘，贝壳丝状体放在池底。采孢子时可以用电带动转轮在原位转动，使上面的网帘在接触池表面海水时，壳孢子便附着在网上了。

2. 室外采孢子

除了室内采孢子外，也可利用大自然的有利条件，加以人为技术措施来进行采孢子，以达到生产的目的。主要有以下几种方法。

（1）海面泼孢子水采孢子法

把成熟的丝状体集中，使它们大量放散壳孢子，然后收集壳孢子水直接泼洒在海面的网帘上，这种方法叫海面泼孢子水法。这种方法是福建省科研所多年来应用的一种方法，它的具体步骤如下：

首先在进行采孢子前，把网帘数张重叠，在当天未涨潮之前集中张挂在海区。网帘也可以收缩成束密集排列，固定在用竹杆围成的长 2.5 米、宽 1.8 米的竹架内，涨潮时使网帘能浮于水表面。

在采孢子的前一天，把选好的贝壳丝状体下海刺激。第二天早上把贝壳丝状体放在小舱板内加入海水，配成一定浓度的孢子水，泼孢子水最好选在大潮近平潮、风力 3~4 级时进行，尽量泼洒均匀。泼孢子水后 3~5 天，即可将网帘分开，移放到栽培架上进行栽培。

每亩使用贝壳丝状体的数量，按每亩泼 6 亿~7 亿个孢子投放贝壳，采孢子密度才能得到保证。

这种方法的优点是：孢子在自然条件下附着到网帘上，符合孢子附着所需要的外界条件，因此孢子附着后比较牢固且健壮，而且通过自然选择淘汰一部分不健康孢子，使健壮的孢子更好地生长；另外，不需要机器设备，方法简单。缺点是：常有下面的几层网帘附孢子不均匀，补苗困难；还有孢子流失多，不如室内集约式采孢子人工控制的程度大。不过，在一些既无育苗室又无动力设备的生产队，泼孢子水法确实是一种切实可行的采孢子方法（图 6.2）。

图 6.2　海区采壳孢子

（2）直播式采孢子法（选修）

此方法是日本所用的一种方法，分全封闭式或半封闭式两种。最初是爱知县年吕渔协首先使用，1968 年开始已在日本各地试验推广，1971 年开始用半封闭式，到 1972 年紫菜采孢子几乎全都采用半封闭式。

日本人认为，浮动式框架式采孢子是一种新式采孢子的方法，但这种方法仍应属于半人工采孢子，适合于个体经营。

① 全封闭式采孢子

日本用的浮动式框架长 18 米×宽 1.25 米，是用直径 4 厘米的硬聚乙稀管或竹杆做成的长方框。把贝壳丝状体放在用纤维网做成的袋内，然后用大小 18 米×1.8 米、厚 0.1~0.2 毫米的聚乙稀塑料薄膜做成大袋装在框架外面，袋子要防止漏水。

采孢子作业程序是先在岸上装好框架，再将丝状体贝壳网袋铺在框架上。

将网帘每 5 张为一组扎好，便于采好孢子后分网育苗，然后每 10~12 组的网帘为一起卷好备用。装好框架铺好贝壳网袋后，把贝壳放入袋中，按一栅放 300~600 个贝壳，一次迅速把框架装好，一个框架内放 50~60 张网，把 50~60 张网盖在贝壳网袋上。将网固定在框架上，然后将聚乙烯袋开口，从一端框架连同海水一起装入袋内，也可同时将溶解好的营养盐加入袋内，这样就有促进孢子附着的效果。框架装入袋内后，将袋口一端从两侧卷起绑好，从另一端尽量将空气排出，在袋口处放检查网线，然后将袋口扎好，使袋封闭，以减少孢子的流失。

采孢子后 2~5 天，取出检查网线，统检孢子附着情况。一个视野（100×）内如果附着有 5 个以上的紫菜孢子萌发体，即达到生产上的要求。应及时从袋内取出网帘，重叠挂到浮架上进行育苗。

这种采孢子方法以密封 3~5 天为宜，如果附孢子不足，需要延长到 7 天以上时，必须重新更换袋内的海水，网帘脏了要加以清理，才能继续采孢子。这种方式实际上是我国采用过的种子箱或种子袋半人工采孢子的另一类似形式。

② 半封闭式采孢子

这种方法与全封闭式不同的是网帘不装入袋内，而在采孢子网下铺有一张大聚乙稀薄膜，使装入贝壳丝状体的网处于半封闭状态。海水可以流动更新，采到的孢子比较健壮，设备比全封闭式简单，但缺点是易于附着什藻。附着孢子也比较多。

采孢子的具体操作：把 40 根长 1.5 米、宽 12 厘米的竹板（也有用塑料制的），在陆地上以每根隔 40~50 厘米距离摆好后，铺上 18 米×1.2 米的聚乙稀薄膜（塑料布），上面再铺上两片与塑料布同样大小的合成纤维旧渔网（装丝状体贝壳用），然后将网边与塑料布边对齐连同竹板绑在一起，卷好便于运输。运到海上后，将其铺放在浮动框架上，把伸出塑料布两边 15 厘米的竹板分别绑在 12~15 厘米的浮竹上。

浮动架装好后，即在贝壳袋中分散装入贝壳丝状体，然后再铺上采孢子网帘若干张。

利用支柱架方式进行这种装置采孢子时，可以在支柱上套一活环用吊绳与浮动框架连在一起，使其成为全浮动状态，遇有风浪可以将浮动框架下沉。

采完孢子后，将网帘移到育苗海区进行育苗。

③ 挂种子箱半人工采孢子法

半人工采孢子法是把贝壳丝状体挂在网帘或条帘上，受外界条件影响放散壳孢子，壳孢子放出后即附着在竹帘或条帘上。

通常将成熟度好的贝壳丝状体按每亩用量，分别放在种子箱内，选择在自然降温和大潮的前夕，下帘采孢子。每个种子箱内装的贝壳数量按每亩定量投放，并吊挂在帘下，每帘挂 2~4 个种子箱，网帘和种子箱要同时下海，否则过早容易附着敌害生物和污泥，影响附着孢子效果。

贝壳下海后要经常洗刷并加强管理，保持贝壳干净，增添种子箱内的海水，以免贝壳丝状体干死。为了附着孢子均匀，还要及时调换种子箱的位置，充分利用放散的壳孢子。如果挂下半个月后，经显微镜检查还未见苗，则应该进行补采。

半人工采孢子的效果一方面决定下放种子箱的时间和壳孢子成熟度；另一方面，网帘和竹帘的浮动水层也是附孢子好坏的关键，网帘越接近水表层，附孢子越好，敌害生物附着的越少。生产上利用这一特点，在采苗时把帘子置于浮筒上面，待普遍见苗后，再把帘子移到浮筒下面。也有的将浮缀绳绑在浮筒下面，附苗期过后再移到浮筒的下方。但在风平浪静时，防止不要使丝状体露出水面。

这种半人工法，在坛紫菜的栽培事业发展过程中，起了积极的作用。随着生产不断发展，维尼龙网的采用，育苗技术的提高。无论条斑紫菜或坛紫菜，基本上都开始采用全人工采孢子法了。

三、注意事项

① 室内采壳孢子的过程中，必须不断搅动池水，不仅能够提高壳孢子的质量，也能够使其更迅速地附着于网绳之上。

② 海区泼孢子水方法受天气影响大，如果遇到大风，则影响采孢子与附着效果。

第三节　养殖模式与方法

一、学习目的

了解坛紫菜海区养殖模式。

二、具体内容

从网帘下海就进入叶状体的栽培阶段，时间一般从每年 9 月下旬或 10 月上旬到翌年 3—4 月。这一阶段主要工作概括为壳孢子萌发出苗管理与紫菜生长管理，现将坛紫菜栽培的生产方式与具体技术操作阐述如下。

1. 栽培方式

我国紫菜从采壳孢子方法来看，经历自然采孢子、半人工采孢子和全人工采孢子等几个过程。根据生长基的特点来看，栽培方式概括起来可分为菜坛栽培、支柱式栽培、半浮动式栽培和全浮动筏式栽培等方式。

（1）菜坛栽培

利用自然海区的岩石礁，增殖一些自然生长的紫菜，这些岩礁叫作"菜坛"。这种生产方式实际上是属于自然增殖的范畴，过去在尚未进行人工栽培时，是我国生产商品紫菜的主要方式。由于菜坛面积有限，靠天供给孢子，生产受自然海况的影响，波动性很大，所以生产的发展受到很大的限制，但目前仍是我国生产的一种独特形式，并在有菜坛的地方仍在生产上占有一定的地位。

菜坛栽培紫菜的历史，据考证至少已有二三百年了，约在 160 年前又创造出一种洒石灰水增产紫菜的菜坛栽培法。

具体生产工作有：一是清坛，二是洒石灰水。清坛就是用各种工具产除岩礁上附着的牡蛎及藤壶等敌害生物；洒石灰水就是把一定浓度的石灰水洒在岩礁，用以杀死较小的杂藻及小动物，为壳孢子的附着扫除障碍，准备附着地盘。

对于清坛和洒石灰水的时间，经过长期的实践摸索，基本上掌握在自然壳孢子大量放散前进行。谚语有："七月白露你莫赶，八月白露你莫懒。"清坛工作一般在"处暑"完成，洒石灰水一般在"白露"（阳历 9 月 7 日）前后结束。关于洒石灰水的次数也很有研究。第一次洒石灰水在 8 月 24 日进行，8 月 29 日和 9 月 11 日洒第 2 次和第 3 次。几次石灰水的浓度并不完全一样，第一次浓度约在 50 千克海水中搅新鲜石灰 9~10 千克，搅拌均匀后，于早晨 3：00—5：00 大潮干出后洒在菜坛上，通常认为，这时各种动物开始活跃，杂藻也呈舒展状，洒上石灰水以后，对这些生物的杀死效果高。第二次洒石灰水的浓度是在 50 千克海水加 4~5 千克石灰，第三次 50 千克海水加 2.5~3 千克石灰。这两次的石灰水可以于小潮干出后的上午洒泼，把第一次洒石灰水后新生的小生物再加以杀死。经过三次洒石灰水后，岩礁上的敌害生物大量减少，为紫菜壳孢子的附着创造了条件，一旦海水中紫菜大量放散，壳孢子即可大量附着。藻农根据紫菜幼苗出现的时间早晚把菜坛分成早坛、中坛、晚坛三类。菜坛的位置和方向与幼苗出现的早晚有关，外海性早坛最早的在 9 月 18 日即可肉眼见苗，有些早坛约在 10 月 3 日见苗，中坛于 10 月 12 日见苗，最晚约在 10 月 29 日才可见苗。

通常，见苗后 40~50 天可以开始第一次采收。除最晚菜坛外，藻农都在 11 月中旬开始采收。此时藻体长度一般在 10 厘米以上，最长可达 30 厘米左右。第一次采收后，20 天后可以采收一次，共可持续采收 6~7 次。

菜坛栽培的方式其经验是丰富的，它包含着许多科学道理，体现了我国劳动人民的聪明智慧与创造性（图 6.3）。但由于知其然而不知其所以然，不可避免地在很大程度上仍是靠天吃饭，如果遇到海况不好，或由于其他条件的影响，壳孢子比较少，生产很不稳定。加上采收作业原始，危险性很大等原因，这种栽培事业局限性很大，生产的紫菜产品不能满足人民的需要。这个任务只有改变靠天吃饭，解决孢子的来源，用全人工采孢子来栽培才能实现。

图 6.3 菜坛式养殖

（2）支柱式栽培

适合于波浪小、水浅而潮差小的海区，在潮间带把一定粗细的竹竿作为支柱，在支柱之间水平设放网帘，网帘的水平位置放在紫菜生长最合适的水层中，用吊绳将网固定在支柱上（图6.4）。吊绳可以把网吊起展开并沿垂道方向随潮水涨落，做上下一定距离的浮动。支柱式可分固定式和浮动式两种。在我国南方，1951—1954年广东省水产学校在广东汕尾曾用这种方式进行过天然采孢子栽培紫菜。在我国北方，1958—1959年，辽宁旅大也曾使用这一方式进行过紫菜半人工采孢子栽培试验。1960—1961年中国科学院海洋研究所在青岛也采用支柱式进行条斑紫菜全人工采苗栽培试验，产量达到445~495克/米^2。但在半生产试验中，单产比较低，一般仅100~200克/米^2，折合亩产18~36千克，达不到生产要求。自从引用浮动筏式栽培方法以后，北方条斑紫菜的潮间带栽培生产已全部改用半浮动筏式，而广东栽培紫菜的生产，有些地方仍有用类似这种方法的。如今，福建的霞浦县周边海域，广泛采用此种养殖模式栽培坛紫菜，已达到稳产、高产等目的。此模式的优点是通过调节挂网高度有效控制坛紫菜的干露时间，起到除杂藻、抗病害、促生长作用。

图6.4　支柱式栽培

（3）半浮动式栽培

现在无论北方栽培条斑紫菜或南方栽培坛紫菜皆广泛应用半浮动式生产

方式，这种方式所用的筏架兼有支柱式和全浮筏式的特点，就在涨时可以使整个筏子漂浮在水面，而在退潮后筏架又可用短支架支撑于海底上，使网暴露在空气中（图6.5）。由于在低潮时能够干露，因而硅藻等杂藻生长少，对紫菜早期特别有利，而且这种方式具有使紫菜生长快、质量好、生长期延长的优点，是现在几种方式中较优良的一种方式。福建坛紫菜一向都是用这种方式进行生产，闽北每亩单产可达到300~400千克的干品，闽南地区每亩单产也可达到150千克左右。

图6.5 半浮动式栽培

（4）全浮动筏式栽培法

这种方法就是在离岸较远、退潮后不干露的海域进行栽培的一种方式，在日本称为"浮流养殖"。在我国与栽培海带方式一样，网帘始终不露出水面，但所用网帘的形状与浮架形状不同于海带栽培方式。1971—1980年北方用这种方式进行过小型条斑紫菜试验，结果证明，栽培的紫菜叶状体生长很好，单产可以达到966克/米^2，折合亩产174千克，生产达100千克/亩的例子不少。在冬季封冻的海区还可以将浮架沉降到水面以下渡过冰冻期。其缺点是因为网帘始终不干露，影响出苗早晚，而且紫菜藻体由于不干出健康程度受到影响容易老化，易使杂藻繁生。这种形式最大的优点是不受潮间带的限制，发展潜力很大，因此北方正在研究干出晒网的办法，已经研究设计了各种能够在海上干露网帘的全浮动筏结构，取得了实用效果（图 6.6）。广东海丰海水养殖场遮浪区 10 多年来一直采用这种方式进行紫菜栽培，亩产平均 75~100 千克干品。主要的问题是露空干燥花的劳动力较多。

图 6.6　全浮动式栽培

　　福建利用海带筏下海后，在尚未分苗前这一段时间，把采好壳孢子的紫菜网先移到海带筏上培养。待紫菜先生长到收第 1~2 水①后，海带幼苗下海时再移走网帘。这种方式是一种全浮动筏式轮栽或间栽的形式，效果显著。

---

　　① 水：坛紫菜栽培过程中，生产者会对其进行反复采收。第一次收割获得的坛紫菜称之为第一水坛紫菜，依此类推（类似于陆生植物的韭菜第一蓬）。

第四节　出苗期管理

一、学习目的

熟练掌握坛紫菜出苗期管理方法。

基本掌握出苗期的施肥方法。

二、具体内容

1. 出苗期的管理

从网帘下海到出现肉眼可见大小的幼苗为止，这一期间称为紫菜的出苗期。用半浮筏式栽培的条斑紫菜由壳孢子长到 1~3 厘米的苗需要 30~45 天，以支柱式栽培的需要 2~3 个月。坛紫菜从采孢子到肉眼见苗，一般只 10 天左右，长到 1~3 厘米最多需 20 天，比条斑紫菜快很多。如果海区混浊也会延长出苗期，栽培方式不同也是影响出苗快慢的一个原因。另外，由于种类不同以及海区、潮位的影响，幼苗生长速度也不相同。但不论生产哪种紫菜，在这一期间都应该加强管理，力争做到早出苗、出壮苗、出全苗，为争取紫菜的丰收打下基础。

坛紫菜壳孢子的附着后，萌发成单列细胞不久进行纵分生长成小叶状体，不会像条斑紫菜那样放散单孢子以增加苗量。因此，在采苗以后到肉眼见苗以前，应该采取措施，使网帘上采到的壳孢子尽早地得到萌发的机会，达到早出苗、出多苗、出壮苗的目的。这就是出苗期间的管理工作的关键。

坛紫菜基本上是用半浮动筏育苗，这一时期的管理工作内容如下：

掌握合适的潮位：一般潮位不同出苗的情况也不同，如潮位合适网帘上的幼苗生长快，条斑紫菜则放散单孢子多，网帘上只有少量硅藻及绿藻生长。网帘潮位过高时，小苗生长缓慢不能及时长满苗；网帘偏低时，紫菜小苗生长快，但网帘上很容易聚积浮泥和生长硅藻等，使条斑紫菜的单孢子附着受到影响，表现出出苗早、苗大但密度稀和杂藻较多的现象。

上述情况需要经常检查，在网帘下海时尽量放在合适潮位。但合适的潮位总是有限的，如果生产任务多时，则第一种情况最有生产价值；第二种情况前期生长慢，但在成菜期把这种网帘移到较低的潮位或移到全浮动筏上去栽培时常常是高产的；第三种情况对生产不利；第四种情况给生产大紫菜带来困难，在生产上是不可取的。潮位偏高和偏低的网帘，可以在适当时间互相对调位置，也可以将偏低的网帘适时解下，移到陆地上进行晒网处理。

坛紫菜的出苗只有一种形式，就是用半浮动式育苗，加上没有单孢子，在采壳孢子时密度一般比条斑紫菜密度大。潮位如果合适时见苗早，潮位偏高则见苗晚，潮位偏低虽易附杂藻，但因为见苗需要天数少，藻体长得快，待收一、二水后再移到高潮位，在生产上也有利用价值。

潮位合适与否主要可以根据网帘上幼苗出现早晚与生长情况而定，条斑紫菜在北方一般认为，在大潮时干出 4.5 小时左右的潮位是适宜出苗的潮位。

2. 苗网的管理

苗网下海后的管理工作主要是清除浮泥与杂藻。坛紫菜早采苗的最初几天为了避免晒死幼苗，可在干出后不断泼水以保幼苗。壳孢子刚萌发不久的网上由于浮泥与杂藻的附着，轻者妨碍幼苗生长，推迟见苗日期，重者全部包埋幼苗，使幼苗长期得不到生长而死亡。对条斑紫菜来说既影响了单孢子放散与附着，又影响出苗量，浮泥与杂藻附着严重的可以使出苗完全遭到失败。因此，浮泥与杂藻的清除工作一般从网帘下海后立即抓紧进行。我国北方对条斑紫菜这项工作比较重视，加强洗网，一般浮泥少的时候，每天洗网一次，浮泥多时每天需要洗两次以上。洗网方法是当网帘浮在水表面时，用手提网帘在水中振摆，或者在小船上用小竹杆挑着网冲洗，也有的单位试用小水泵洗网（图6.7），冲洗时还可结合进行施肥。洗刷工作一直进行到网帘上见到幼苗出现为止。

图6.7　洗网

坛紫菜在未见苗以前，从下网第3天开始洗苗，到第10天左右见到幼苗为止。海区严重受绿藻尤其是浒苔的威胁干扰，影响出苗时多采取晒网来解决，这样虽有一定效果，但严重地消耗人力、物力和损伤幼苗。

晒网工作应选在晴天进行，将网解下搬运到沙滩或平地上推平曝晒，也可以挂起来晾晒，晒到完全干燥。另外，还要根据幼苗大小进行不同的对策：紫菜在1毫米以下未明显见苗的网帘要晒得轻些，晒到硅藻变绿为止；已见苗的网帘可以在网晒干后再增晒1小时左右；紫菜已长到1厘米左右，可将有绿藻的网帘晒得更干些。晒网时间长短与天气情况有关，要灵活掌握。网晒好后应及时下海张挂，或将干网卷起放在通风处，第二天下海。阴雨天不宜晒网，以免使紫菜受害。

晒网虽能抑制杂藻生长，解决一部分问题，但因为晒网过程中要搬动网帘，由于摩擦往往使一部分幼苗受到损伤，生长受到很大抑制；还有晒的时间不当，也会造成幼苗的死亡，减少幼苗数量。因此网帘下海后，应及时洗刷浮泥杂藻，就显得十分重要。选择好潮位与海区更为重要，既可以省去繁重的晒网操作，又可以获得很良好的出苗效果。也曾有人设想可以调整网帘脚架的高度，尽量设法将全部苗网都安排在一个最适的出苗潮位，不过目前仅停留在设想中。

3. 幼苗出现前的施肥

坛紫菜幼苗在出现以前，是否需要施肥，要看海区肥度而定。坛紫菜栽培过程中见苗以前基本不施肥，因为我国南方浙江、福建两省沿海的海水比较肥沃。条斑紫菜在北方肥区与瘦区的见苗时间相差很大，在肥沃的海区幼苗在 10~20 天就可长到 1 毫米以上，而水质贫瘠的海区，网帘下海后需 40~50 天后才达到肉眼见苗。为了及早出苗，瘦区需要施肥，主要是施以氮肥。施肥的方法有几种，一种是在一台养殖筏架上，把 4~6 台的网帘收缩起来把肥料集中地使用到一台的面积上，这种方法可以收到一定效果。另外用浸泡法，将苗网解下放在千分之一的浓度的硫酸铵或氯化铵海水中浸泡 15~30 分钟，也收获得良好效果。这种施肥效果好但容易磨损幼苗，且耗费劳力，如果肥料浓度掌握不好会造成幼苗全部死亡。另一种是喷肥法，也收到一定效果。

厦门水产学院 1977 年曾在厦门市同安县小磴海区的育苗室内，利用采完壳孢子后的水池，将附有壳孢子的网帘进行育苗试验，人工搅动海水，约在 20 天后见苗，并长到长达 1 厘米左右。这批苗虽然下海后因水温低未能长成大紫菜，但这次试验仍然告诉我们，在一些有大面积育苗室的单位，为了减少出苗后晒网的繁重而收效不大的措施，可以在水温适宜的期内，利用育苗室现成设备（水流）集约或育苗是完全可能的。这样既减少杂藻的危害，又充分利用了育苗室，且能避开室外绿藻孢子附着的威胁，这值得今后考虑的一个问题。

三、注意事项

① 坛紫菜的出苗期仅 7~8 天，如果海区内出现绿藻或浮泥遮盖，会导致出苗期推迟甚至出不来苗，即使出苗后因为绿藻发生，严重地影响紫菜的生长。

② 坛紫菜栽培在幼苗期很少进行施肥，只有当发生绿变病时，才进行施肥。

第五节　成菜期管理

一、学习目的

熟练掌握分帘、移网操作方法。

了解坛紫菜施肥技术。

二、具体内容

紫菜从见苗以后即进入栽培阶段，这一时期管理得好，产量可以增加，如果管理不当，会使产量受到影响。主要的管理工作有：

1. 疏散网帘

网帘下海后，大多数采取数网重叠进行培育，见苗以后，藻体逐渐长大，如不及时稀疏，幼苗互相摩擦，互相遮光，互相争肥。如继续停留在这种方式，便暴露出不能满足幼苗生长的现象，即开始掉苗，这时首先应把网帘进行折稀，单网张挂。

2. 移网栽培

网帘下海后的张挂方式采取半浮动筏、全浮动筏、先半浮动筏三种方式，这三种方式出苗后都需再移到全浮动筏去栽培。不过，用这三种方式都获得了可观的单产，全浮动方式平均产量与半浮动方式很接近，在一定条件下，全浮动筏式并不次于半浮动筏式的产量。

前期用半浮动方式栽培，后期在全浮动筏上的产量最高，说明在出苗时采用半浮动式，栽培成菜时放到全浮动筏上生产的效果最好。

半浮动筏与全浮动筏的生产，产量在 3 月、4 月内最多，占全年产量的 73%~86%，是紫菜的生长盛期，这时期的水温在 4~8℃。

在半浮筏式的条件下，从 12 月到翌年 2 月共 3 个月，其产量之和为总产量的 6%~7.4%，而全浮动伐式条件下的却占 17.4%~21.4%。据了解，北方 12 月平均气温为 2.1℃，水温为 5.9℃。1 月气温为 0.4℃，水温为 3.0℃，2 月气温为-1.2℃，水温为 1.4℃，平均气温分别比同时期平均水温低 3.8℃和 2.6℃，无论低气温与低水温对紫菜生长都有抑制作用。全浮动筏式栽培的紫菜因为不露出水面，只受低水温的影响，而半浮动筏式栽培的紫菜同时受到低水温和更低的气温的不利影响。这可能就是全浮动筏式栽培，在 12 月到翌年 2 月低温期间比半浮动筏式产量稍高些的原因之一。

从上述三种栽培方式来看，运用半浮动筏作为出苗期的集中场地，出苗后再移到全浮动筏去栽培，可以扩大紫菜的生产面积。日本的"浮流养殖"也就相当于我国的全浮动筏式栽培。日本认为他们的紫菜产量迅速上升与"浮流养殖"的开展是分不开的，因此浮流养殖的面积不断扩大，产量迅速增加。他们栽培的对象主要是条斑紫菜，如果我国改善某些具体技术措施，运用这种形式栽培条斑紫菜也是大有发展前途的。

坛紫菜目前所用的方式在浙江与福建主要是半浮动筏式，而在广东省有用全浮动筏式的。另外，在福建的个别地方试验过采好壳孢子的网帘放在海带筏上去栽培可收1~2次，等海带幼苗出库下海后再把紫菜网移到半浮动筏上，据说这样可以提早收获第一水，产量较高。

坛紫菜的生长最快时期是第二期（从快速生长期开始到第三期）藻体收获量占总量的70%~80%，温度在16~18℃。至翌年2月以后已接近衰老期，产量及质量都下降。

3. 不同潮位网帘的对调

幼苗见苗后即进入栽培阶段，要把网帘分别移到浮架上进行栽培，这期间藻体生长的适宜潮位不是固定不变的。在支柱式栽培条件下，自12月至翌年2月上旬叶面积为0.6~0.7平方厘米的小紫菜，生长最适潮位由出苗阶段的1.5~1.9米潮位下移到0.8米和1.1米潮位。随着藻体的不断长大，到每年2月和3月，最适生长的潮位又上移到1.1米和1.5米左右。到3月下旬最适宜生长潮位是1.8米和2.1米。自然附苗的岩石上紫菜生长的潮位变动也有同样趋势。开始生长好的潮位较高，然后向下移，春季再向上移，到了初夏又向下移动，与生产网帘的情况相一致。根据藻体生长潮位的变动，在生产上，采取的管理工作是先把网帘在出苗以后下移潮位，甚至于下移到完全不干出的的全浮动筏上进行栽培，到了生长盛期再升高网帘到1.5米潮位附近，这是最理想的。但在大面积生产时大量移动网帘比较困难，所以只要大紫菜栽培过程，使大部分网帘能维持在最适宜潮位附近就可以了。

坛紫菜在生产季节，产量以设在中潮位的网帘最多，低潮位仅次于中潮位，而高潮位最差。从高潮位移到低潮位比从低潮位移到高潮位的产量多些，但是低潮位的的网帘上硅藻出现早，藻体质量较差。另外，下海初期出苗期藻体的生长以低潮位为最快，中潮位次之，高潮位生长最慢，低潮位是高潮位的 5~6 倍, 是中潮位的 2~3 倍。到生长中期, 低潮位的紫菜逐渐向宽度增长, 宽度生长超过长度生长, 高潮位的生长缓慢, 到了后期, 高中潮位的生长相对的都比低潮位的生长快。

根据潮位对坛紫菜生长、产量及质量的影响来看, 在生产上我们可先把采好壳孢子的网帘挂到低、中潮位培养, 海潮水有 5~8 天干露, 干出时间 2~3 小时, 见苗时间早、出苗齐, 当紫菜生长到 3~6 厘米时, 日生长速度快, 下海后 35~40 天就可以进行第一次剪收紫菜。这时低潮位的产量往往比高潮位的产量多 1 倍。因此, 在网帘下海初期应多挂在低潮位海区, 充分利用它的优越性, 争取及早剪收紫菜。而且比高潮位的网帘多收 1~2 次, 这样对提高产量、质量都有积极意义。经剪收 1~2 次后, 低潮位的网帘由于干露不够藻体上易生长硅藻致使藻体老化, 所以到后期以中潮位的最好, 高潮位次之。为了提高低潮位网帘的产量, 最好把低潮位的网帘与高潮位的互相对调。厦门地区小磴大队为此则采取在高潮位海区预先多下椿留出一些空处, 等低潮位网帘收了 1~2 水后, 生长缓慢或附生硅藻时, 一方面采取上下潮位之间对调, 一方面把一些潮位网帘移到高潮位的新架子上, 收到了明显的效果。同时, 还采取与条斑紫菜同样的办法, 充分利用适宜潮位多下网帘, 能获得良好效果。

4. 施肥

我国南方海水含氮量比较高, 水质比较肥沃, 一般不施肥可以进行生产。但实践证明施肥可以减轻绿变病的发生, 可以促进紫菜的生长, 增加光泽, 提高质量。

（1）施肥种类及施肥量

目前在生产上以施氮肥为主, 坛紫菜发生绿变病采取施肥时施的肥料有硝酸钠、硝酸钾、硫酸铵等。每吨海水中加硫酸铵 3 千克, 经充分搅拌溶解,直接喷洒。

（2）施肥方法

坛紫菜在发生绿变病时，为了抢救紫菜，在育苗室的池中配成肥料海水，将网帘抬到室内进行浸泡施肥。1977年小磴大队即用这种方法施肥数十亩，效果显著。但这种施肥法耗费劳动力太大，而且损伤紫菜也很严重。

日本对紫菜施肥进行了一些试验，认为紫菜在不同的生长阶段所需要的营养成分也不同。幼苗时期只需要氨基酸、维生素和微量的无机盐，对于氮或磷则完全不需要；长到1厘米之后开始吸收氮磷。随着紫菜长大其需要量也跟着增加；成体需要氮量多，但没有磷时则不吸收氮，施氮和磷时加用氨基酸、维生素、无机盐等，有显著促进吸收的作用。实验证明，对紫菜成体施氮和磷肥，同时在其中加少量氨基酸、维生素和无机盐等，混合施肥效果能够提高5~10倍。因此紫菜幼苗期以氨基酸、维生素和无机盐为主。成长期以氮磷为主。混以少量的氨基酸、维生素和无机盐则肥效好，单一施用尿素、硫酸，非但无效，反而造成很大的损失。

日本施肥的方法常用的有浸泡法、叶面撒布法，水面撒布法、挂肥法，也有用紫菜施肥机管道输肥，高浓度施肥、肥料浸泡育苗网等。

日本近年来还发明了一种浮性缓溶性肥料。这种施肥可以在海水中停留30分钟才慢慢溶解，供紫菜吸收。这种施肥料是一种发酵生产的副产物菌体及木质素，再加以适当比例的氮、磷酸化合物以及微量元素等，使其发泡成海绵状固体。除了主要成分氮肥外，还含有氨基酸类的促长物质。其大小根据不同海况而定，这种肥料呈黑褐色，有吸湿性能，可以完全溶解于水中，pH值呈中性。化学组成为氮=6.2%，氢=5.1%，碳=33.3%，氧=24.6%，磷=0.6%，灰分（磷除外）=30.2%。

三、注意事项

① 在移网时最好在涨潮后进行或边退潮边折网。如果在干潮后，幼苗已

经晒干紧贴在网线上，又互相纠缠在一起，这时折网便容易损伤幼苗，造成幼苗的损失。

② 在低潮位长期栽培的紫菜叶状体附着硅藻多、衰老早，生产也就提早结束。若从低潮位移到高潮位后，可以抑制硅藻的附着和发展，从而延长了生长期。

第六节　采收与加工

一、学习目的

掌握坛紫菜采收技术。
了解坛紫菜加工流程。

二、主要内容

坛紫菜藻体生长速度快，但没有单孢子，因此一般采壳孢子都要比条斑紫菜的密度大。采收的方法可以拔收，也可以剪收。采收时间大部分都是在干潮时进行。从生产来考虑，及时采收是非常必要的，但剪留或拔留的稍长一些，采收得轻些能够获得更高的产量。福建省大部分坛紫菜主产区已经基本实现机械采收，只有少数全浮流养殖区还使用人工剪收（图6.8）。

加工好坏直接影响紫菜的商品质量。加工的成品主要有菜片和散菜，后者比较简单，就是把采下的鲜菜经过淡水冲洗后，立即晒干成淡干品，也有的不经过淡水冲洗直接晒干成咸干品，散菜产值低。如果出口外销，以制成菜片为宜。

菜片加工方法有机器加工与手工操作两种，工序是拣菜、洗菜、切碎、制片、脱水、干燥、剥离、包装保存。

图6.8 采收

1. 拣菜

因为刚采收的鲜藻中混有其他绿藻与杂物，在加工前要仔细挑选干净，以保证鲜藻的质量。

2. 洗菜

鲜藻经挑选干净后，先用海水冲洗到无泥沙为止，如鲜藻附着硅藻可以用1%碳酸钠浸泡5~10分钟，并充分搅拌，直到出现大量泡沫为止。处理过的紫菜用淡水冲洗干净。

3. 切碎

新鲜紫菜洗净后可以用大型绞肉机（32号以上的）或切菜机切碎。早期的紫菜切成大小约1平方厘米为宜，中期的紫菜则应切成大小0.3~0.7平方厘米。

4. 制片

在制片以前，先在水缸内加淡水，然后加入适量的切碎的紫菜调成浆状。

紫菜调好后就可以制片，如手工制片时，把晒紫菜帘放在抄制台上，将倒菜框放在小帘上。然后用倒菜杓取一满杓调和好的紫菜浆，倒入倒菜筐内，水分很快漏掉，紫菜叶片留在框内，取出倒菜筐，就成为一张紫菜片。一张晒帘可以放 4 张紫菜片，也有的两张，为了当天充分利用太阳晒干，争取上午11：00 前全部完成制片工作，然后把晒菜网放到室外太阳光下晒干。一个熟练工人一小时可以制片 200~250 张。

坛紫菜的制片多数地方是用人工进行，倒菜框是圆形，人工倒菜速度比较慢，需要加速改革，提高效率。

机械制片是用制片机进行，调和、抄制都是连续自动进行的。每小时可以抄制 3 000~3 500 张，只要 2~3 人管理即可，效能大大提高。

5. 脱水

有条件的单位可以晒菜帘在脱水机上脱水，然后拿到烘干机烘干或晒干。在没有脱水机的地方，可直接把晒菜帘放到晒菜场上使其自然脱水，因此需要较长的时间才能晒干。

6. 干燥

把脱水后的菜帘经烘干机进行干燥。如果是太阳晒干，快的当天可干，慢的 2~3 天。干燥时间越短，菜片质量越好；干燥时间长，质量降低。碰到阴雨雾天，甚至要降低为次品。

机械化的干燥就是用风干燥机烘干，烘干机温度为 50~60℃。机械烘干不受天气与场地影响，适于大规模加工。目前在江苏等地用我国自行设计的烘房或土烘房，比进口的烘干机效果好得多，既节约了燃料，又降低了成本，而且可以兼做储藏干紫菜成品之用。

近年来，江苏已开发出坛紫菜半自动、全自动加工设备，大量引进福建的福鼎地区。该设备可实现快速制片、成形等功能，省人工、产量高，逐步代替单靠人工的加工方式。

7. 剥离

制成干品以后从菜帘上剥下来，为了减少碎菜，要注意细心操作，因为完整的菜片与碎菜的价格是不一样的，尤其出口商品更应保证整个片形。

三、注意事项

① 采收须及时，否则影响产量及菜品。
② 手工拣菜须反复仔细，否则在粉碎过程中将导致杂质扩散，难以清除。

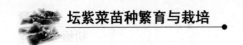

第七章
中级工技能

第一节　采壳孢子

一、学习目的

中级工在熟练掌握采壳孢子的方法后，应该学习如何采好壳孢子，获得更加健康的苗帘，为将来丰收打好基础。

了解适宜壳孢子放散及附着的环境条件。

二、具体内容

1. 壳孢子的放散有日周期性

在自然条件下紫菜壳孢子的放散是每个大潮有一次放散高峰，这是由于各方面的因素形成的。但室内人工培养的贝壳丝状体或自由丝状体，坛紫菜的壳孢子放散与潮汐的关系并不明显，只要壳孢子成熟并具备一定条件，每天都能够放散，且在一天 24 小时内，壳孢子的放散高峰都集中在上午 9：00—11：00，具有明显的放散日周期性。根据这一特点，生产上采壳孢子都在上午进行。

每天每个贝壳放散的壳孢子量，称之为日放散量，日放散量最多的叫最高放散量，日放散量的计算就是把每个贝壳从开始放散到放散停止时间内，放散的孢子总数。日放散量的多少与培养的丝状体的质量好坏、采壳孢子时的水温以及丝状体的生长密度等有密切关系。

首先壳孢子的放散量与海水温度有关，一般在水温由夏季的高水温逐渐下降到秋季一定温度时，壳孢子才进行放散。开始时放散量少，到最适温度时才大量放散。随着水温的下降，放散量又逐渐减少。各种紫菜壳孢子放散时的适温，以及结束放散时的水温的范围因紫菜的种类而不同。坛紫菜壳孢子的放散量的变化过程与条斑紫菜基本相同，开始时少量放散，以后日放散量逐渐增多，达到放散几十万个壳孢子的放散量，可以开始进行采孢子。习惯上把日放散量在 1×10^6 以上算大量放散，多者有 $(5 \sim 6) \times 10^6$，最高亦可达一千万个之多。日放散量越多，采孢子越顺利，每日采孢子数越多，采孢子的效果也就越好。

壳孢子刚放散出来时没有细胞壁、无运动能力，只能借助海水的流动附着到基质上。壳孢子附着快慢、附着的数量多少、附着以后是否能够很快萌发，都直接影响紫菜出苗的好坏。壳孢子的附着与环境条件有密切关系，因此为了采到足够的壳孢子，还应了解壳孢子附着萌发和环境条件的关系，并在采孢子时创造合适的条件，以达到生产上的要求。壳孢子的附着与海水流动密切相关。紫菜壳孢子的比重比海水略大，在静止的情况下是沉淀于池底或容器底部的。自然条件下，海水由于波浪潮流等的影响，可以帮助紫菜壳孢子散布到各处，并且增加与基质接触的机会，得以附着。在室内人工采孢子就必须增设动力条件，不断搅动海水，使壳孢子从丝状体中放散出来后，增加与网帘的接触机会。一般说水流越畅通采孢子的效果越好。

通气方式搅水力量小，不能使壳孢子充分浮起，因此接触的机会就少，而搅动的力量大使多数壳孢子都能漂浮起来，有更多孢子接触网帘进行附着，从而增加了附着密度。网帘在池内影响的排放数量与排放方式对水流速度影响很大，因此排放网帘时应尽量考虑造成水流的畅通。

实践证明，采壳孢子时如遇到天气晴朗，采集效果就比较好，如遇天气阴雨则效果差。这说明采孢子与光强有关，在条斑紫菜采壳孢子时为了得到更好地采集效果，光强至少要 1 500 勒克斯，最好在 3 000 勒克斯左右。

坛紫菜采壳孢子，具体需要的光强没有测定，但从室外泼孢子水采孢子来看，壳孢子附着的光强远不止 3 000 勒克斯。壳孢子在表层附着比下层多，证明坛紫菜壳孢子附着时也需要一定光强，因此在设计育苗室就应考虑到秋季采壳孢子需要的光强问题，并注意天窗与侧窗的面积，采壳孢子时必须调整培养室内光强。

壳孢子从放散高峰以后有多少时间可以保持附着能力呢？弄清楚这个问题可以提高采孢子的效果，中国科学院海洋研究所曾对条斑紫菜壳孢子附着力进行过试验。认为壳孢子离开丝状体 4 小时内，仍能保持附着的能力。坛紫菜壳孢子的附着力是否与条斑紫菜一样呢？根据厦门水产学院 1973 年在连江的试验：当水温 24~25℃的条件下，放散高峰时放出的坛紫菜壳孢子在放出后 5 分钟到 2 小时之间都有很好地附着力。只要有一定浓度的孢子水，其附着量都能达到生产要求；如果孢子水再经充分振荡，壳孢子可以在短短的几分钟内附着，达到生产密度的要求。这些情况说明采苗时间还可以大大缩短，提高采孢子的效果大有潜力。在小型试验时，壳孢子在放散高峰以后多少时间就失去附着力的问题，经过试验得出放散高峰的孢子附着力与保持壳孢子的温度有关，在合适的温度条件下，壳孢子在放散后 24 小时左右仍具有附着力，但最长的时间极限以及具有附着力的孢子占的比例数还有待进一步研究。通常认为，坛紫菜壳孢子在 24~25℃下保持的附着力要超过 18~20℃。

壳孢子的附着过程与当时海水的温度条件有关。一般在放散壳孢子的季节内温度基本适合于它的附着，但在生产上也会遇到早期采孢子时上午的海水温度低，附着力降低。此外，由于动力设备搅动海水致使水温升高，或者因天气炎热，池水温度升高，一旦超过适温，会出现壳孢子不容易附着的情况，这样就需要注意池水温度的变化，采取措施防止水温升高。在采孢子后期空气温度下降较快，日夜变化温差大，采孢子池内水温下降较快，这样也会影响壳孢子附着的速度与数量，因此就需要了解紫菜壳孢子的附着适宜的温度范围与最高温度极限。从早采孢子、早收获这方面来考虑，尽可能地早采孢子。

2. 采坛紫菜壳孢子以 25℃为最好，28℃次之

但从叶状体生长期来看，我们采孢子的时间应尽量接近自然水温，在不影响壳孢子附着的上限温度条件下，争取早采孢子。

具有果孢子的叶状体经过半干燥以后，忍耐低温能力较强，可以保持数月，甚至长达一年之久。壳孢子忍耐低温的情况怎样，是否能将壳孢子收集起来，加以低温冷藏，在需要的时侯取出供采孢子应用，特别是某些海区采孢子不够理想，需要重采或补采时，能够用冷冻壳孢子重新进行播种，是很理想的。日本冈山县试验场曾进行过试验，他们把孢子浓缩起来，进行冷冻成如杨梅大小的一个冷冻孢子团，可以采几片网（长 1.8 米、宽 1.2 米）。

壳孢子附着与海水比重有密切关系，主要是在采孢子前准备海水时应予以注意，应在测定比重后，加以使用。实践证明，比重在 1.020~1.025，对壳孢子附着最合适，在 1.015 以下或超过 1.025 的高比重均能影响壳孢子的附着量与附着力。

壳孢子放散后，使其附着在人工的基质上，称这一技术为采壳孢子。随着对壳孢子成熟、放散、附着的规律的认识地不断提高，使采壳孢子的方法不断改进。在自然条件下紫菜壳孢子的放散是每个大潮有一次放散高峰，这是由于各方面的因素形成的。但室内人工培养的贝壳丝状体或自由丝状体，只要壳孢子成熟，给一定条件，每天都能够放散，且在一天24小时内，壳孢子的放散高峰都集中在上午9：00—11：00，具有明显的放散日周期性。根据这一特点，生产上采壳孢子都在上午进行。壳孢子刚放散出来时没有细胞壁、无运动能力、只能借助海水的流动附着到基质上。壳孢子附着快慢、附着的数量多少、附着以后是否能够很快萌发，都直接影响紫菜出苗的好坏。壳孢子的附着与环境条件有密切关系，因此为了采到足够的壳孢子，还应了解壳孢子附着萌发和环境条件的关系，并在采孢子时创造合适的条件，以达到生产上的要求。

三、注意事项

① 采壳孢子是坛紫菜生产中至关重要的环节，控制好时间和条件，才能够在后期的养殖生产中获得好的收成。

② 采壳孢子的时间是由环境条件决定的，应当根据当年的气候变化情况，待条件合适时进行操作，一味地抢早采壳孢子容易受环境制约而遭受损失。

第二节　采壳孢子的密度与检查

一、学习目的

熟练掌握壳孢子附着密度的检查方法。

二、附苗密度的检查方法

1. 筛绢法

将 20 号筛绢剪成宽 0.7~1 厘米、长 4~5 厘米的小条，夹在网帘或专用的检查绳上，与网帘同时放在采孢子池内。每次取样时从小条上剪取一小段铺放在载玻片上，然后用显微镜低倍镜检查筛绢上附着壳孢子的数量。首先数出每视野下附着孢子数，然后计算出每平方米筛绢上的附孢子密度（个/毫米²）。取样也以采孢子池为单位。根据采孢子任务和人力的情况决定取样的数量。通常，一个 10~20 平方米的采孢子池每次可以剪取 2 小块检查材料，每块任意检查 5 个视野，根据 10 个数据的平均值计算出平均附孢子密度。开始时只是大概检查下，当估计已达到预定的附苗密度时，决定网帘是否出池时才正式计数。计数时只计算已附着略伸长的壳孢子，没有附着的游离的孢子不计算在内。将视野换算成面积，求出每毫米 2 筛绢的附着密度。可以用下列公式求出。

$$N = C/A = C/\pi d^2/4$$

式中：N——附包子密度（个/毫米²）；

C——每个视野下壳孢子平均附着数量（个）；

A——显微镜视野面积 $= \pi d^2/4$（毫米）；

d——显微镜视野直径（毫米）。

2. 维尼龙纱法

将成束的 20 支维尼龙纱剪成 3~5 毫米长的小段，夹在网帘上或专用的检查绳上和网帘同时铺放到采孢子池内。每次取样时，由每个采孢子池内剪取长 0.5 厘米的维尼龙纱数束，从中任意选取数根，分别在载玻片上摊平铺开

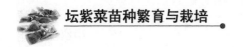
后盖上盖玻片，用显微镜计算附着在每根摊开的纱上的壳孢子数，然后换算成单位长度维尼龙纱上附着壳孢子的数量。

3. 坛紫菜附孢子密度的检查方法

比较普通的是从网上任意取一定长度，线绳分成 3~4 股（3~5 厘米），直接在低倍显微镜下检查每股上一个面上所有的附着数，最后总加起来，然后除以该段之长度，可得出每厘米附苗量。另外，每条线段，可检查两个面到三两面，最后取其平均值也可以。

坛紫菜附孢子密度检查的结果每 1 厘米网线平均有 5~10 棵，按三个面计算为 15~30 棵/厘米，就达到生产上的要求。如果在每条线段计算 2 面的话就是 10~20 棵/厘米也可以，实际情况是超过这个密度的。

附孢子密度在每厘米线段上如果超过 50 棵，出苗都可以盖满网线。

三、注意事项

① 壳孢子附着密度检查必须反复多次检查，否则误差较大。
② 附着密度应当控制在适宜范围内，密度过高同样会导致减产。

第三节　养殖海区的选择

一、学习目的

中级工应能够根据海区的不同情况，选择养殖及养殖海区，以获得更好的养殖效果，避免各种养殖风险。

二、具体内容

采好壳孢子把网帘下海后，使孢子能正常生长，以后能够收到质量好、产量高的紫菜除其他技术之外，选择的栽培海区的好坏有密切关系。根据生产实践的经验，选择的条件主要应该考虑海区的的底质、潮位，潮流（水流）的方向和大小，并在生产季节内掌握营养盐含量的变化及海水比重的变化情况。

1. 底质

底质不是影响紫菜生长的因素，但和浮筏设置有关。因此，只要能适合打桩、下砣，不易损坏这些器材的底质，如沙质、泥沙质，甚至泥沙海底和砾石质海底都可以。但实践经验证明，底质太软有两个缺点，一是在低潮干出时操作人员活动不便，另外泥底涨潮后水质混浊，网上附泥杂藻繁生，对出苗有一定影响，给管理带来很多不便。在选择海区时以泥沙底质较为合适，岩礁底质不易打桩和设置筏子器材，目前尚不适宜于人工栽培。

2. 潮位

坛紫菜在自然条件下都是生长在潮间带的海藻。潮位不同，其出苗、生长以及产量都有明显差异，因此设置筏架时，设置的潮位高低是一个很重要的问题。根据条斑紫菜与坛紫菜的自然分布情况，比较合适的潮位是在大潮时干露 2 小时 30 分钟到 4 小时 30 分之间的潮区为最好。适合于出苗与生长的潮位是不一致的，在生产上应有所区别。选择潮位实际是选择既有利于出苗又利于紫菜生长的海区。因此在确定潮位时，既要考虑到适合紫菜的生长，又要顾及到出苗效果和生长期的长短。在这样情况下，应选在大潮干出 2~5 小时的范围内，即从小潮干潮线附近开始，向高潮位方向多干出 3 小时的地带是适宜的潮位。

3. 海水的流动

海水的流动有潮汐流、海流、波浪等，对紫菜叶状体生长关系重大。如果有不同的两个海湾，一个海水流动情况良好，紫菜生长快，生长期长，产量高，硅藻不易附着，紫菜质量好；另外一个海区，海水流动不畅，因而紫菜叶状体容易早被硅藻附着，藻体提早老化以致影响产量和质量。因此，国内外均把栽培区海水流动的状况视为影响紫菜生长的主要因子。日本紫菜栽培经验认为，条斑紫菜生长适宜的流速为 12 米（20 厘米/秒）或（10~30 厘米/秒）。流速小水交换不足，紫菜就不能吸收足够的营养盐并及时排泄废物，紫菜的生长受到抑制。实际上在每一海湾内海水都是流动的，但设置浮架以后，对海水流动却起了缓流的作用，特别栽培面积不断扩大，缓流的作用也就越大。尤其是在风平浪静的天气，这时海水的流动受到海洋各方面因子的影响，流动严重不畅时，就会引起紫菜发病。因此，在选择海区时必须充分注意到这一点。风浪大，虽然海水流动大，如果超过现在的设备条件，摧毁浮架，破坏器材使生长半途遭到损失，这种海区自然也没有利用的价值。

4. 营养盐

调查海区时，对营养盐可以采取分析 NO_2、$-N$ 与 PO_2，$-P$ 的办法。在 9 月下旬至翌年 4 月期间，如能取得海区内的系统资料更好。如其他条件合适，而仅肥度不足则可以采取施肥补救。对条斑紫菜来说，海水中含氮量从低于 40~50 毫克/米为贫瘠海区，100 毫克/米^3 左右的为中肥区，200 毫克/米^3 以上的为肥沃海区。在没有分析以前，可以看当地附近海区生长的绿藻颜色，在栽培海带的海区也可以看海带藻体的颜色。如果绿藻颜色深，海带深褐，这是水质肥沃的象征；如果绿藻淡黄绿色，海带呈黄色、紫菜也呈黄绿色，说明该海区的水质是贫瘠的。当海区内完全没有自然生长的藻类时，可以从肥区移殖数个紫菜网帘或海带苗绳来培养一段时间，进一步观察它们的生长与颜色的变化，就可判断该海区水质的肥瘦程度。

5. 筏架结构与布局

栽培筏架主要包括网帘和浮动筏架两个部分。网帘的规格要求已介绍过，浮动筏架是张挂网帘的框架。

半浮动筏一般由浮筏、桩缆、脚架和浮竹四部分组成。全浮动则没有脚架，只有浮筏。

三、注意事项

在考虑养殖海区条件的同时，应当因地制宜，更应根据投入成本选择海区及筏架，以获得更大的经济效益。

第四节　出苗期日常管理

一、学习目的

掌握坛紫菜干露条件及干露方式。
了解几种简单干出装置。

二、具体内容

1. 坛紫菜干露条件及时间

干露可以防止杂藻附着，也可以促进二次芽的附着，进而可以长成健壮幼苗。但是，如果干露时间掌握不好，也会造成幼苗的死亡，或推迟出苗的时间；如果干露不足，往往会助长杂藻的附着，紫菜幼苗长得虽快，但并不健壮。因此，掌握育苗网的干出时间是育苗的关键问题。最适合干燥时间从每天干露 2 小时至大潮时干出 4 小时，并以小潮时能干露的水位为标准，且应根据海况进行相应的调整。

气温影响水温，使水温下降时，紫菜生长良好，反之气温影响水温，而使水温上升，对紫菜生长不利，容易引起紫菜生理障碍。在管理干出时间和网的水位时应根据气温而定，一般当气温低于水温时可将网帘降低到标准水位以下。相反，如果气温高于水温时，应把网帘提高到标准水位以上，在一般情况下将网挂在小潮时能干出 0.5~1 小时的水位上。通常，气温高于水温持续 5 天左右，小苗一般受害不太明显，如果超过 7 天就会发生生理病状，此时再高吊网帘反而会使网上的幼苗病情恶化。因此，提高网帘应在气温高于水温几天之内及早进行。

浮流式育苗的最大缺点是不能干露，使育苗生长受到一定的影响。不过，日本设计了干出装置，很好地解决了这一矛盾，但干出时间仍由人根据幼苗大小及天气状况而定。幼苗生长达肉眼可见的大小时每 2~4 天干露 1~1.5 小时；幼苗长大后，每隔 3~4 天干露一次每次 1~2 小时。干出装置的设计有管岛式浮筏干出装置、浮圈式简易干出装置、V 型育苗浮动筏、外海支柱式育苗浮筏、U 型育苗浮筏等类型。

2. 各种干出装置及其优缺点

(1) 管岛式浮筏干出装置

这种干出装置的构造是用粗竹杆作成浮筏，在纵横接头与横竹处装有插销共 12 个。插销长约 30 厘米，上部用橡胶绳固定。

浮子是用泡沫苯乙烯制成，直径 44 厘米。在浮子中心穿孔处，插入长约 50 厘米的氯乙烯树脂导管，导管下部装有比导管粗的套管。

干出时将伐子抬起使下部的插销套在浮子的导管上，从一侧进行到全部装完为止。

每台筏子可以干出重叠网 15 件，10 台筏子可挂育苗网 150 张，而 10 台筏子共用浮子 36 个，可供三组轮流使用，成本很低。

（2）浮圈式干出装置

浮圈（可用汽车旧内胎）和支柱为主，1 台筏子（18 米×1.2 米）用 22 个浮圈即可将网撑起来进行干出。1 个浮圈可承受 18 千克，试验可支撑 10 张网，适用于浮流重叠网育苗的海区。

晒网时可高出海面约 60 厘米，一台筏子操作时只需 5~6 分钟经过一定干出后浮圈可以取下装在船上，按需要再安装另一台筏架。这样一台筏子的干出装置可供多台筏子使用。

（3）V 型育苗浮动筏

这是一种育苗效果较好的浮筏。在两根支柱上装两个泡沫苯乙烯浮子，将横支挂面和纵支柱面交点处作为支点，上方张开成"V"型，紫菜网受竖支柱的撑力而张开。将这种装置 8~10 个绑在浮子上方的主缆上，用吊绳将紫菜网吊起，使其在水面以上干露，该装置是用水泥舵子设立在海上。如果想干露那一部分，可以把该装置移到某处，或者在育苗时就事先准备好。

（4）外海支柱式育苗筏

这种育苗筏的特点是利用潮水涨落进行自然干露，大潮小潮的不同干露时间由底部来调整，如为防止杂藻的干露，可在支柱上进行调整。固定时用吊绳将网帘固定在支柱上的某一位置，浮动时则在吊绳两端加两个活环，可在支柱上做上下浮动。浮筏为软体结构，能适应波浪的性能。筏子的全部浮力和紫菜网，底砣的重量调节至平衡的程度，则不致产生额外的负重。另外，还可以定期、定时干露。

除了以上各种干出装置借助日光对紫菜网进行干露，日本近年来使用了一种紫菜网处理剂，可以用于幼苗期，也可用在养成期。据说处理剂的作用因系酸性，有使细胞脱水干露并消灭弱苗的作用。而且幼苗因吸收氮、磷，又具有施肥的作用，还可以除去网上的污物。施用的浓度，如用消除弱苗可用 1%～2%的溶液；促进生长的用 2%溶液处理 1 小时；去污物用 2%处理 2 小时，都有效果。

处理剂的成分主要是无机铵盐、磷酸盐和 L. Provasoli 人工海水中所用的无机微量元素，含氮为 20%、磷为 2%。制成 2.0%～2.5%海水溶液，pH 值为 5.5 左右。

第八章
高级工技能

第一节　病、敌害防治

一、学习目的

熟练掌握坛紫菜病害症状、敌害预防及应急处理办法。

二、具体内容

对紫菜叶状体危害的种类大致可分为病原性病害、非病原性病害以及附着生物三种。

病原性病发生的原因主要由不同种类的细菌和真菌类以及病毒所引起；非病原性病发生的原因主要是由海洋环境中的理化因子引起的病害。附着生物虽不能直接造成紫菜的发病，但对紫菜的生长有不利的影响，亦不可轻视。

已经发现过的纯属于病原性的病害有赤腐病、壶状菌病及丝状细菌引起的病；非病原性病害有芽损病、孔腐病及"癌种"病；附着生物普遍而又危

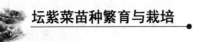

害大的是硅藻与浒苔。

1. 赤腐病

这种病是由腐微菌寄生引起的，据新崎盛敏1947研究属于腐败菌科的腐微菌属（*Pythilum*）。佐藤（1970）定名为pythilum porphyrae。我国紫菜栽培过程中，曾发现过被称为红泡病烂的病，从病状及发病条件、显微观察的菌丝等来看，与日本在这方面的描述极为相似，但是否属于同一病原，尚待进一步研究。

（1）肉眼观察的病状

患有此病的紫菜叶状体上有红色小斑点，以后迅速扩大，而且互相会合，形成直径5~20毫米的红色圆形病班，病斑周围带有红色水泡，由病斑中央向周围褪色，以后病斑由黄球色成淡黄色。病斑周围的红色和健康部分有明显的区别。如病势继续发展，病斑遍及全叶片，叶片不断从病斑处脱落，如基部生病斑，则由基部脱落，如病势好转，病斑处成小孔洞，可以逐渐缩小。

（2）显微镜下观察的病状

可以看到菌丝从纵贯穿于细胞之中，一个细胞内可以穿入数条菌丝，细胞被穿过后就萎缩死亡，色素溶解先变红后成绿色，逐渐成为白色。开始菌丝贯穿数个细胞到数十个细胞时，菌丝分枝少，成线形生长，被菌丝贯穿的死细胞成念珠排列，以后菌丝分枝渐次向多方向生长，逐渐形成圆形病斑。

（3）病原菌

生长在紫菜藻体内的菌丝粗1.5~3.0微米，或者更粗些，分支多，菌丝中无色素体，但有小颗粒，无细胞横隔壁。菌丝生长到一定程度向紫菜藻体外面伸出粗20~100微米的小突起，顶端成球形，直径12~27微米，球内形成8~32个游孢子。游孢子为肾脏形，大小为（7~14）×（4~8）微米。游孢子体内有2~3个无色小颗粒，具有侧生的前后等长的两条鞭毛，有时也可以形成大小不同的不动孢子。当外界条件不适于菌丝生长和形成游孢子时，可以在放游孢子的菌丝上形成有性繁殖器官即藏卵器与藏精器。藏卵器在紫菜细胞中形成，外形成膨大的球形，直径约 20 微米。藏精器成棍棒状 1～3 个。藏卵器受精后形成一个受精卵，外有厚壁，对环境抵抗力强，藏精器常附在藏卵器上，一个藏卵器附有 1～4 个藏精器，藏精器呈圆形、椭圆形或棍棒形，多数为雌雄异体，少数雌雄同体。

经培养试验，这种菌类的生长最适温为 26℃ 左右，最低温为 6℃ 左右。在本属中这种菌类是唯一的低温种，可耐高温达 34℃，但要长成异常形状的菌丝生长的 pH 值范围在 6～9，生长的盐度范围为 10%～40%。在蒸馏水的培养基上或在浓缩的海水中，均可以生长，说明这种菌类对盐度的适应力相当强。

（4）赤腐病蔓延的原因

赤腐病的蔓延主要是由菌体上产生的游泳孢子引起的。游泳孢子放散后，遇到紫菜叶状体便附着萌发形成新菌丝，菌丝不断生长，不断破坏紫菜细胞，使叶状体受害。游泳孢子放散的时间与放散数量和海水的营养条件以及海水温度、盐度等都有密切关系。

（5）防治赤腐病的方法

防治此病的措施有药物法、干燥法、冷藏网等方法。日本所用的药剂是酸碱性表面活性剂、非离子表面活化剂等都可以杀死菌丝，有一定的治疗效果；也可以用紫菜网处理剂处理，经处理的紫菜可以不患病。根据赤腐病病菌不耐干燥的特点，可以把网挂得高一些，增加干出时间。这种方法在刚发病初期治愈效果好，发病蔓延严重时再提高网帘水位效果并不显著。另外，在发病初期可以利用冷藏网的方法，利用赤腐病菌耐低温的能力差，把网冷藏后除去一部分病菌，等发病期过后，再将网片出库生产。一旦发病严重再采取冷藏办法也失去价值，只得将生产网帘拆下。在目前对赤腐病还没有根本解决以前，多准备一些冷藏网，待发病过后出库，替换病网是比较切实可行的办法。

紫菜网处理剂是日本出售的一种化学药物，是专门用来处理紫菜的。据日本全渔连养殖中心的报告，这种处理剂可以用在育苗期，也可以用在栽培期，均有增加幼苗活力、促进紫菜生长、减去弱苗、除去硅藻及防除赤腐病的作用。其成分有无机铵盐与磷酸盐等，将处理剂用海水配成 2.0% ~ 2.5% 的溶液时，其 pH 值为 5.5。

因为溶液是酸性故有脱水作用，相当于干出的效果，其药性既可以增加幼芽的活力，又具有施肥效果。高浓度处理，可以除去硅藻及抵抗病害。

具体使用方法是在采孢子后 10 天（分网时），用1%的浓度浸泡网帘 1 小时，第二次在 20 天后，用 2%的浓度浸泡 1 小时。浸泡以后即放入海水中，经过浸泡的网帘下海后当天不要将网帘干出。在栽培期，可以用 2%处理 1 小时，间隔时间看情况而定。为了预防赤腐病可以用2% ~ 3%处理 1 小时，治疗时可根据病害程度用 4% ~ 5%的浓度处理 1 小时。

2. 壶状菌病

这种病在我国尚未见报道。这种病经日本新崎盛敏研究（1960）定名为壶状菌（*olpidiopsis* sp.）。患病的紫菜在细胞内寄生有本种菌类，一般幼叶患病多，大的叶状体患病少。栽培初期，患病严重时造成危害与赤腐病相同。

（1）病菌

壶状病菌是单细胞的菌类，一个紫菜细胞内寄生一个到数个菌体。刚寄生不久的菌体，大小约为 5 微米，此时观察比较困难，待进一步发育后，才能够鉴别出来。在紫菜细胞内呈球形，菌体内有大小颗粒与油滴和液胞，颜色呈淡黄绿色。菌体的大小与紫菜细胞的大小及寄生在紫菜细胞内的数量有关。菌体直径为 6 ~ 20 微米，平均 13 微米，菌体在紫菜体表面伸出小管，菌体经反复分裂形成 32~128 个游泳孢子，可以经过小管放散而出。游孢子成不规则的长卵形，具有 2~4 个无色的小颗粒，腹部生出长短不等的两条鞭毛，静止后成球形，直径为 2.5~3.5 微米。这些游泳孢子如果附着在紫菜叶状体表面，立刻把萌发管伸进紫菜细胞壁内，在细胞内再形成菌体。寄生的菌体如果处在低温条件下，形成的游泳孢子并不放散于紫菜体外，而在菌体内萌发伸出发芽管，侵入周围的其他紫菜细胞内。

（2）病状

当寄生菌体数量在 400 倍显微镜下每个视野内少于 50 个时，此时用肉眼观察，病叶不容易与健康叶状体相区别。如超过 100 个菌体时，紫菜叶状体外外观稍微退色，可以看到叶片前部边缘先出现黄色的病斑。患病的叶片生长停止，叶片前端部分溃烂，很快流失。在叶状体其他部分寄生菌体多的时候，叶片细胞萎缩崩溃而变成孔洞。

当肉眼见到病状时，往往是菌体寄生的比较多已到患病末期。由于紫菜经不断剪收，叶片尖端部分被剪下，也可以不表现肉眼可见的病状，对生产的影响不大。

该种菌类多寄生于幼菌，这可能与紫菜细胞壁的软硬和厚薄有关。在自然界，比甘紫菜、条斑紫菜厚的圆紫菜等种类上没有发现这种菌类的寄生，而比较薄的紫菜则因受这种菌种的寄生而提早流失。

（3）病菌的生态

这种病菌经实验、感染的水温以 15~20℃ 为最适宜，5℃ 水温下不感染，水温 25℃ 感染也很少，在 30℃ 条件下几乎不感染，只能生存。因此这种病在日本多发生在每年的 11—12 月期间，1 月以后的低水温期不发病。

壶状菌生长的海水比重范围较广，在 1.0 030~1.010。此外对于干燥与冷冻的抵抗力远比赤腐病菌要强，因此一旦紫菜叶状体患壶状病后，用提高网帘水位增加干出时间或者用冷藏网的办法，效果都不显著。

（4）防治措施

壶状菌的感染途径是通过它的游泳孢子进行第二次传染，在日本多采取早期发现，将紫菜网入库冷藏，以减少在海区内其他紫菜被游孢子传染的机会。检查方法就是在幼苗期经常用核染色方法，固定叶片进行染色观察，如紫菜细胞内奇生有壶状菌经染色后就可以看到被染色的菌体，以便做好冷藏网的准备。

3. 白腐病

这种病是由于网帘干出不足，水流不畅，以及受光不足等条件恶化而引起的。多在天气闷热，温度回升发病。紫菜叶状体长达 2~3 厘米以上时也容易发病。发病初期叶片前端变红，在水中呈铁红色以后由黄绿色变成白色，逐渐溃烂、流失。患病轻的叶片上留有空洞与皱纹。

日本加藤盛等（1970）对白腐病发生前后紫菜的生理变化进行了观察与实验，从中发现，白腐病发病前细胞渗透压增大和可溶性糖类增加。渗透压增大可能是因为呼吸的变动和淀粉的水解所引起的，可以作为发病前的征兆。根据显微分光测光法得出患白腐病的紫菜细胞中蛋白质、叶绿素、藻红朊等成分有大幅度下降趋势，而核酸几乎没有改变。

渡边竞等（1970）还对紫菜患白腐病的组织内氮代谢状况进行了研究，发现患白腐病的藻体非水溶性氮量减少，水溶性氮量增加。

在水溶性氮中蛋白氮减少，非蛋白氮增加，氮也显者增加；游离的氨基酸减少，谷氨酸、丙氨酸剧减，胱氨酸下降。蛋白的减少是因患病后被分解造成的。

氮含量是以水溶性氮为 100% 的相对比例表示。

实验结果还证明，谷氨酸脱氢酶活性显著下降，因而增加患病组织中氨的积累。氨增加的原因可能由于紫菜细胞内氨向氨基酸合成的过程受到阻碍，或者是由于蛋白质的分解而引起氨的异常积累。结合前面生理变化的情况来分析白腐病的发病原因，最初生长在网帘上的紫菜由于周围环境中发生异常的变化，不适于紫菜进行正常的生理活动，使藻体的光合作用失调，引起碳水化合物的减少。结果又进一步促进氨的积累，氮代谢受到光合作用产物的碳水化合物、氨和呼吸能量三者的限制，使平衡受到破坏，也就是使色素蛋白、酶蛋白以及构成细胞的蛋白等的分解与合成不能正常进行，因而表现出色素变淡，生长不良，藻体变软等现象。

预防的办法是：浮架与网帘的密度施放不可过密，网帘不要松弛保持经常有正常的干出机会。勤采收，使紫菜受光良好，这样保证紫菜所处在的大环境与微环境畅通，藻体健康，以防生白腐病。一旦发生了白腐病，紫菜发病量不超过30%时，可以把网放进冷库进行短期冷藏，待环境好转再出库栽培，如果超过30%以上，就干脆把网除去。

4. 绿变病

在我国还没有白腐病报道，但坛紫菜栽培过程中由于生产的发展，栽培数量增多，在闽南有的地区发生绿变病，发生这种病后藻体变绿，严重者逐渐变成黄绿色腐烂流失。从发生病的条件与白腐病很相近，但不同的是光照愈强发病愈严重，且蔓延愈迅速，在发病后采取下降水层与施加肥料有明显的效果。绿变病多发生于天气晴朗、无风、温度回升的天气，是一种生理性病害。

这种病如在发生前及时下降水层并进行施肥，是可以缓和病情的，如果发现过晚，不及时系取措施，也会造成紫菜的歉收。

5. "癌肿"病

在我国南北方局部地区。这种病害时有发生，患病紫菜藻体外观皱缩，病叶呈黄带黑色、无光泽，呈厚皮革状，肉眼可以见许多小突起，显微镜下切片观察，细胞分裂异常成多层分裂，可达 5~10 层，细胞排列不规则。

这种病的原因是因工厂废水影响，海水含有毒物质所引起。日本有人用 Nitromin、氰化钾、酚等稀溶液来处理紫菜，或者照 X 射线，均可以出现同样症状。不过，应该说明，自然条件下发生此种病状应与栽培后期因营养不足而缩卷的现象加以区别，后者藻体也同样卷缩，但不发生细胞异常的增生。

条斑紫菜发生此病最早是发现在青岛中港码头附近的地方，因为那里船只来往，机油严重污染海水所致。

根据 1970 年的调查，浙江有些海区原来紫菜生长很好，但后来停泊机帆船数量多，严重影响湾内栽培的紫菜的正常生长，以致生产下马。因此，在选择养紫菜海区时，应事先进行详细的调查与了解。

6. 烂苗病

在我国北方与南方都有发生过，虽然笼统称之烂苗病，但发病的原因可能因地而异，目前还没有详细研究。

紫菜从极小的幼苗到 2~3 厘米大小，都可能发生烂苗病，但症状不一。

患病烂苗颜色异常，逐渐退色，不久以后尖端变白，藻体弯曲，溃烂流失。也有的幼苗尖端生裂片，或者中同变细扭曲成为畸形。

出现烂苗现象在不同时间和不同地方情况并不一样，要具体加以研究。致病原因不外是细菌或病毒以及海水污染与气候因素几种原因。幼苗烂苗的危害远比大的藻体还要严重，它直接影响当年的生产。

预防的方法，除了海区污染的原因外，在采壳孢子时密度过大，设置网帘与海区布局过密，也是主要原因。因此，应尽量增加幼苗的健康，使之更有抗病能力。在日本有采用紫菜处理剂处理幼苗网帘也很有效。或者在发病前摘下网帘进行冷藏，也有效果。

我国无论北方或南方，在采好壳孢子网帘下海后，面临着最大的问题就是附着生物的危害，其中尤以浒苔与各种硅藻最严重。附着生物的危害严重时，导致幼苗出苗时期延长，以至影响了当年生产。浒苔附着网帘大量消耗营养盐与紫菜争肥，影响已出苗紫菜的生长，因此以预防为主，着重处理紫菜网帘上的附着物是育苗期间的工作之一。

（1）硅藻的危害

海洋中硅藻的种类繁多，有独立生活的单个细胞，有分泌黏质互相粘连营集体生活的，既有用分泌黏物质包被许多个体营集体生活的几种类型，又有分为营浮游生活与附着生活的两类。对紫菜危害严重的是后一种类型，这些硅藻分泌胶状物质用以粘在网线上并包被紫菜的孢子，妨碍孢子的萌发与幼苗的生长。尤其在叶状体上附着硅藻时，便引起叶片表面的腐烂；硅藻的繁殖很快，一旦紫菜被硅藻包围或附着，紫菜的生长就会受到严重的阻碍。当紫菜制成干品后，硅藻黏着附在干品上成灰白色或绿色的粉状，降低了紫菜质量。

厦门大学生物系（1974）研究了厦门、东山、平潭等地栽培的坛紫菜藻体上附着的硅藻种类：计有针杆藻（*Synedua radians*），这一种硅藻从一末端分泌胶质，附着在紫菜叶状体表面，个体多次分裂互相粘连成丛状群体；海生斑条藻（*Gramatophara Marina*（*Lyngbye*）），多数连成长链状，附生于紫菜表面；盾卵形菜（*Cocconeis seitellnm*）以下壳面粘贴于紫菜叶状体的表面；钝头盒形藻（*Biddulphia Obtuso*）以偶角末端分泌胶质，附着在紫菜叶状体的表面，本种多在每年的1月出；爪哇曲壳藻（*chnanthes javanicavar*）以壳面相互连接成链状，多出现紫菜生长后期；楔形藻（*Gomphosphaeria*）与念珠直链藻（*melosira monilformis*（*muller agardh*））；等等。

硅藻能附着于紫菜叶状体表面，往往要具备一定的环境条件。海区风平浪静，水流缓慢，往往引起硅藻的附着，而风浪大潮流通畅的海区硅藻附着量就很少。另外还和海水透明度有关，如果是泥底，海水混浊，悬浮的泥土颗粒沉附于紫菜叶片上，叶片表面粗糙，使硅藻容易停留在叶表面；底质是沙泥的石砾，紫菜表面光滑，硅藻便不容易附着。

硅藻附着与紫菜干出时间长短有关，高潮区的的紫菜即便附着硅藻也会因干出时间较长而减少；在干出不足的低潮区，硅藻附着比较严重。因此，利用延长干出时间，以防治硅藻危害是行之有效的。

硅藻一旦附着再进行处理就比较困难，应该采取预防措施。首先在选择海区时尽可能地选择杂藻较少的海区，尤其要选择沙底或沙泥底质的海区，可以减少硅藻的附着。

网帘下海后，经过采收1~2次就要尽可能移位到中潮或高潮区，以增加干出时间，避免硅藻附着。此外，只要紫菜长到符合采收规格就应及时采收，并注意网帘密度以及浮架密度，尽量保证水流畅通，这样不但有利于紫菜生长，而且还可以减轻硅藻的附着，避免紫菜过早老化。

（2）浒苔的危害

浒苔附着到紫菜网帘上，生长迅速，并不断放散孢子，孢子又萌发成小浒苔，这样浒苔数量越来越多，严重的时候，网帘上紫菜全部被浒苔所覆盖，紫菜的生长就会受到很大的影响。解决浒苔危害，多用晒网法，这种方法既浪费人力又损伤紫菜，只能解决部分问题。日本多用冷藏网的办法效果比较好，因为浒苔比紫菜的耐干力与耐低温能力都比较差，网帘经过一定干燥后放入冷藏，经过一定时间冷冻再出库下海，浒苔基本死亡，而紫菜照样生长，效果较好。另外，在采壳孢子时应注意壳孢子附着密度不可太稀，坛紫菜又无单孢子，力求密度大一些，能减少浒苔孢子的附着地盘。此外，采孢子后应将网帘在室内作短时期的培养再挂下海，这也是行之有效的方法，但具体方法尚有待今后研究解决。

第二节　冷藏网技术的合理应用

一、学习目的

了解冷藏网的意义及技术流程。

二、具体内容

1. 幼苗冷藏的意义

20世纪60年代，幼苗冷藏网在日本进行试验，目前已成为紫菜生产中的主要环节之一。其方法是把紫菜苗网帘干燥到一定程度，用尼龙袋密封送入冷库冷冻。当紫菜发生病害时，就把网全部换下来，等病期过后重新出库一些冷藏网，进行正常生产以减少病害的危害。或者第一批紫菜衰老，也可以重新换上冷冻过的网帘，产量大大提高。因此日本把冷藏网看作是紫菜栽培三大技术改革之一。

近几年来，我国紫菜的生产在不断发展，采孢子技术比较稳定与完善，但由于生产面积的增加，栽培网帘的设置过密以及气候条件的影响，屡有紫菜腐烂现象发生。轻者影响产量与质量，重者全军覆没，造成人力、物力的浪费。这时把冷藏网换上，产品质量和数量都会得到保证，这不失为具有现实意义的技术措施。

我国在大力发展紫菜生产的同时，也开展了冷藏网的试验和研究，为紫菜生产的可持续发展提供理论和技术支撑。

2. 冷藏网的试验工作

浙江、福建等地对坛紫菜进行了冷藏试验，取得了良好的效果，现将有

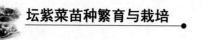

关单位的试验介绍如下：

坛紫菜幼苗网帘试验：

将藻体大小 3~5 厘米、5.0~10.0 厘米、10~15 厘米分成三组，于 11 月 6 日入冷库冷藏。冷藏温度分 2~4℃、−18~−20℃ 两组。第一批于 12 月 4 日出库，以后各批陆续出库，到翌年 2 月 9 日最后一批为止。

将坛紫菜 3~15 厘米长的藻体分成三组，经过 5 小时左右的风干或日晒，含水量为 38%~39%，密封后迅速进入冷库（−18~−20℃）冷藏，效果良好。大量生产时一般掌握藻体干燥而不脆，仍有韧性时为限度。冷藏温度在 2~4℃ 的冷库内冷藏 50 天左右，紫菜幼苗下海后同样生长良好。因此，在当年下海用的坛紫菜冷冻网时，可以把冷藏温度适当提高以便降低用电成本，有利于冷藏网的推广。

冷藏坛紫菜的长度从 3~15 厘米都可以，但从各组第 1、2 次收获量来看，苗大的组产量高，这说明苗大的恢复快、耐冻力强。

冷藏网从 11 月 15—16 日入冷库到翌年 1 月上旬分别出库，尽管各组都有生产价值，但以冷冻近 50 天的幼苗为好，出库后仍能正常生长，达到生产要求，且色泽好，质量较高。

从两种紫菜的冷藏网试验来看，可以把冷藏网作为紫菜栽培技术之一，在有条件的地方进行生产，促进紫菜产量和质量的提高。

3. 冷藏网的生产方法

（1）幼苗的培育

在冷藏网入库以前，要有计划地培养健壮的幼苗，选择附着均匀、颜色好、大小适当的幼苗网帘入库冷冻备用。冷冻网的数量多少可根据生产计划而定，也可在采孢子时多采一些网帘。下海后精心管理，采孢子时应有计划地增加采孢子密度，防止脱苗后密度太小。

（2）幼苗冷藏前的处理

幼苗大小规格的要求。条斑紫菜与坛紫菜的规格不同，条斑紫菜以 1~3 厘米的幼苗为宜，坛紫菜要适当长些，3~5 厘米长，最好在 10 厘米左右为宜。当然，还要看采孢子以后出苗早晚来定。

① 干燥处理的要求

幼苗入库前干燥要适当，含水多影响冷冻效果，晒得太干，在操作过程中损失幼苗多。一般干到藻体上有白粉末状的盐状物析出，或以含水率达 20%~40%为宜。藻体生产实践中，多用手摸，以有弹性不易折断为准。

② 包装与运输的要求

干燥处理的苗网在运输前装入无毒质的聚乙烯袋里，不宜过于挤压。运输时防止阳光直射，防止潮热而影响幼苗的健康。运输途中袋口敞开，到达冷库再进行密封。

③ 入库冷藏的要求

入库时要及时封口，把尼龙袋放在纸箱或架上。冷冻温度在−15~−20℃较为适宜，可以保持冷冻时间较长而不变质。如果冷藏坛紫菜幼苗的时间不长，温度可设为 0~2℃（图 8.1）。

4. 冷藏网下海栽培

当需要把冷藏网下海时，事先把冷藏网从冷库中取出，路途运输要快，然后把网放入海水中不要立即折网，以免损伤幼苗。如果因为其他原因不能下海时，应把网在室内通风处摊开，第二天再下海，一般不要超过 4 天。

刚下海的网，最好先不要干出，等恢复数天后再使干露。恢复期过后，可按一般生产方式移到浮动筏或半浮动筏上进行栽培。这时候最好进行施肥，可以促进紫菜生长。

关于冷藏网冷藏的出库时间，日本的经验认为，所在的海区容易发生问

图 8.1　冷藏网帘包装入库

题的时间是在 1 月以前（从采苗到 12 月）。由于过了 12 月，海区即恢复正常，此时冷藏网可以出库挂网。把一些病网及出苗稀少的网从海上取回，以冷藏网代替（图 8.2）。冷藏网上幼苗太小时应避免低温期的不利影响，推迟在 12 月中旬或水温上升的翌年 2 月中旬以后再挂到海上。

　　冷藏出库以后应尽快的放到海水中去，时间太久效果差，试验出库后 4~6 小时后再下海的与出库后立即放到海水中去的成活率几乎没有差别，但不应延迟下海时间太长，否则丢苗太多影响产量。

三、注意事项

　　在海区环境条件不佳时，把苗帘放入低温冷库中妥善保藏，待适宜时间出库下海养殖，这是坛紫菜冷藏网养殖技术的一项应用技术，具有储备苗种、避让海区病烂高发期、实施多茬养殖、除杂藻、抗病烂等作用。应当合理利

图 8.2 冷藏网出库下海养殖

用该项技术，以提高坛紫菜养殖产量和质量。

第三节 坛紫菜新品种

一、学习目的

认识了解、应用坛紫菜新品种。

二、具体内容

几十年来，坛紫菜人工栽培的菜种一直源自野生种，由于栽培密度过大，随意留种，近亲繁殖，造成种质严重退化，一般长到20~30厘米就成熟了，而几十年前，一米多长的也属常见。多年的传统养殖方法已造成紫菜的种质资源退化，生长周期缩短，病害增加，产量、质量以及经济效益下降，生产上迫切需要人工选育的优良品种。为此，从2002年开始，坛紫菜良种选育连续两次被列入国家"863"计划重点项目，期望培育出有自主知识产权的适合生产推广的良种。经过科技工作者多年努力，不负众望，选育出一系列的

坛紫菜苗种繁育与栽培

紫菜新品种。

1. 坛紫菜"申福"系列

为保证坛紫菜产业的可持续发展，2002年坛紫菜良种培育技术被国家列为"863"计划重大专项，在日本获博士学位后回国的上海海洋大学严兴洪教授任课题主持人。坛紫菜"申福"系列良种就是国家"863"计划重点项目获得的高科技成果。

坛紫菜看似柔弱，但在严兴洪的解读之下，它就像是一个与自然抗争的斗士。它的每个叶状体只由一层细胞构成，之所以能扛住风浪和烈日，一方面是因为菜叶外被一层坚韧琼胶"软甲"保护着；另一方面就是它独特的繁衍模式。简单来说，绝大多数物种的体细胞含有一套相同的基因组，但坛紫菜却能通过有性生殖，从一颗种子（壳孢子）产生4个基因型不同的细胞，再长成一棵由4种不同基因型构成的菜叶。这种模式下，坛紫菜的基因库能迅速丰富起来，以面对大自然的严酷筛选。正是由于严兴洪课题组在细胞学和分子生物学层面阐明了坛紫菜减数分裂的发生位置，完善了对其生活史的了解，在世界上首次揭示了坛紫菜的遗传特性，为开展人工育种奠定了理论基础。课题组还首次发现，坛紫菜无论雌雄都能在一定条件下进行单性生殖，利用单性生殖技术，确保了坛紫菜良种的优良性状能稳定地一代一代遗传下去。

基于上述基础研究成果，严兴洪课题组建立了快速高效的坛紫菜良种选育技术体系，通过对紫菜的体细胞克隆、人工诱变、单性生殖等现代生物技术的集成与创新，筛选出30多个优良品系：它们有的生长快、生长期长，有的藻体薄、品质好，有的能耐高水温，有的能在低盐海水中生长。

经过长达7年的努力，严兴洪领导的研究团队选育出了我国首个单性不育的紫菜新品种——坛紫菜"申福1号"，被全国水产原种和良种审定委员会认定

128

为水产新品种，适合在全国推广，解决了紫菜良种在栽培过程中由于性成熟后与其他品种发生杂交而引起的性状退化、使用周期变短的育种瓶颈问题。

（1）新品种名称：坛紫菜"申福1号"

品种来源：选择野生型坛紫菜为亲本，利用人工诱变体细胞再生和单行生殖固定优良性状等技术，由上海海洋大学选育，获得的性状稳定的遗传纯系。

审定情况：2009年第四届全国水产原种和良种审定委员会审定通过。

审定编号：GS-01-003-2009。

该品种具有的特征特性：

① 形态特征

"申福1号"的叶状体呈细长条形，上下粗细较匀称，基部为圆形。藻体比野生种更薄，体色更偏红。边缘含小锯刺，具有坛紫菜的典型特征。藻体由一层细胞构成，细胞内含一个星状色素体。"申福1号"的壳孢子苗形态非常一致。

② 性别特征

室内培养和海区养殖的"申福1号"叶状体全为雌性。

③ 生长性状

海区养殖的壳孢子苗生长快，生长期长，日龄120天的叶状体也不成熟，菜质下降速度慢。而未经选育的野生品系一般在日龄50天左右就开始成熟，生长速度和菜质明显下降。

④ 细胞遗传学特征

叶状体的细胞为单倍体核相，染色体数 $n=5$，丝状体细胞为双倍体核相，染色体数 $2n=10$。

⑤ 分子遗传学特征

在"申福1号"的叶状体和丝状体中均含有一条非常稳定的特异性微卫

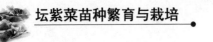

星标记带。

⑥ 耐高温特性

比坛紫菜的传统养殖品种更耐高温。

与野生种相比，"申福 1 号"的叶状体的色素和色素蛋白含量提高了 13.7%；蛋白质总含量提高了 10.8%；这使得"申福 1 号"的菜饼味道更加鲜美。"申福 1 号"的亩产比传统养殖的野生种增加了 25%～37%，亩产值增加 30%以上，具有雌性不育、品质好、生长期长、产量高、耐高温等优点。

2008 年 9—10 月，福建闽东和浙江南部地区，遭遇了罕见的持续高温天气，海面水温度维持在 28～30℃，传统养殖的坛紫菜野生种发生了大规模的腐烂和脱落，福鼎和霞浦二县近八成的养殖面积无菜可收，养殖户直接经济损失达数亿元。而养殖在相同海区的"申福 1 号"，虽然生长速度也有减慢，但没有发生腐烂和掉苗，随着 11 月水温的下降，恢复了正常生长，当年取得了大丰收，亩产值远高于当地传统养殖品种。

经过多年的生产中试、示范栽培与推广，"申福 1 号"已在闽、浙两省 16 个沿海县市进行大规模栽培，取得了十分显著的增产增收效果。

（2）新品种名称：坛紫菜"申福 2 号"

品种来源：以平潭岛野生坛紫菜的叶状体为基础种质，采用 γ 射线诱变、酶解处理，结合高温胁迫处理等技术，以壳孢子放散多、耐高温、生长速度快和成熟晚为选育指标，获得的单倍体经单性生殖培养而成的二倍体纯系。

审定情况：2013 年第五届全国水产原种和良种审定委员会审定通过。

审定编号：GS-01-009-2013。

该品种具有的特征特性：

① 形态特征

坛紫菜"申福 2 号"的藻体呈褐绿红色，基部偏褐绿色，中上部呈棕红色，偏红；外形呈细长披针形，基部呈脐形；藻体比野生型薄；藻体边缘含小锯刺，具有坛紫菜的典型特征；藻体由一层细胞构成，细胞内含 1 个星状色素体；叶状体群体的形态和颜色高度一致。

② 性别特征

叶状体群体全为雌性。

③ 生长性状

壳孢子苗生长快，生长期长，日龄为 120 天的叶状体才开始出现少量性细胞，菜质下降速度慢；而未经选育的传统养殖种，一般在日龄 30 天左右就开始成熟，生长速度和菜质下降（图 8.3）。

④ 细胞生物学特征

叶状体细胞为单倍体核相，染色体数 $n=5$；丝状体细胞为双倍体核相，染色体熟 $2n=10$。

⑤ 分子遗传学特征

用 9# 微卫星引物对坛紫菜"申福 2 号"的叶状体和丝状体的 DNA 进行扩增，均能获得 1 条非常稳定的特异性标记带。

⑥ 色素含量和品质

海区养殖坛紫菜"申福 2 号"的主要色素和色素蛋白总含量，比传统养殖种增加了 55.8%。此外，蛋白质和游离氨基酸的含量分别增加了 5.6% 和 16.7%。坛紫菜"申福 2 号"的干品乌黑发亮，味道鲜美。

⑦ 耐高温特性

远比传统养殖种耐高温，比坛紫菜"申福 1 号"更耐高温。

通过海区中试养殖，坛紫菜"申福 2 号"的壳孢子放散量，比"申福 1 号"提高约 50%；坛紫菜"申福 2 号"成熟晚，生长期长，第二水以后每水菜的产量比传统养殖种增加 28%~35%，比"申福 1 号"稍高（增 6% 左右）。此外，由上海海洋大学水产与生命学院、福建省大成水产良种繁育试验中心选育的"申福 2 号"，其养殖技术与坛紫菜传统养殖品种基本一致，适宜闽、浙、粤三省沿海。

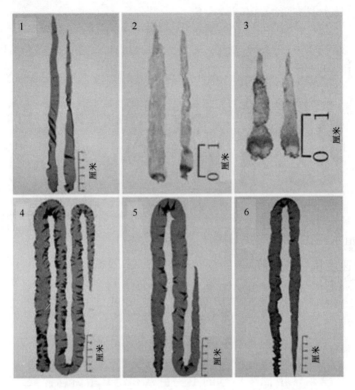

图 8.3　坛紫菜"申福 2 号"与传统养殖种叶状体对比图

（1、2、3 为传统养殖种叶状体，4、5、6 为"申福 2 号"叶状体）

2. 坛紫菜"闽丰"系列

坛紫菜"闽丰"系列也是在国家和省部等多项科研课题的资助下，通过杂交和选择等育种技术相结合，经过多年选育出来的遗传性状稳定的新品系，其中"闽丰 1 号"已认定为坛紫菜新品种。

新品种名称：坛紫菜"闽丰 1 号"。

品种来源：父本 7-Ⅰ为诱变选育品系，母本 PXⅡ为野生选育品系，通过杂交、单克隆纯化和连续 3 代选育而得。

审定情况：2012 年第四届全国水产原种和良种审定委员会审定通过。

审定编号：GS-04-002-2012。

该品种具有的特征特性：

① 形态特征

藻体为雌性，呈棕红色，基部颜色略深；形状披针形，基部脐形；藻体不易扭曲，基部具有波浪状的小锯齿；藻体由单层细胞构成，内含一个大星状色素体，厚度较薄。

② 耐高温

可耐养殖水温比传统养殖品种高 2℃以上。

③ 生长速度快，成熟晚

一般采收 7 水后仍未成熟，品质下降速度慢。

④ 品质优

藻胆蛋白质含量为传统品种的 2.14 倍，叶绿素 a 含量比对传统品种提高 59.2%，粗蛋白质含量比传统品种提高 18.2%，游离氨基酸含量比传统品种提高 40.2%。

坛紫菜"闽丰 1 号"的生长速度要显著快于传统养殖品种，产量可比同海区栽培的传统养殖品种提高 25%以上。

该品种的栽培（养殖）要点有以下几个方面：

① 养殖过程采用自由丝状体移植贝壳进行培苗，作为种子的自由丝状体需在室内环境下进行无性扩繁；

② 丝状体移植贝壳后需先进行 2~3 天的弱光培养，保证丝状体钻入贝壳，且移植初期的 2~3 周不能清洗贝壳；

③ 贝壳丝状体的缩光时间在 35~45 天，光时为 10~8 小时/天；

④第一水菜收割后，网帘干露时间要延长，因为藻体生长很快，如果收割跟不上，造成藻体过长而长时间泡在海水中，发生病害烂菜，带来损失。

其他养殖技术基本同于传统品种。

适宜区域：适宜福建、浙江和广东等沿海地区。

目前，"闽丰1号"已在生产上示范栽培近3万亩，性状稳定，在耐高温、产量和品质等方面优势明显，经济效益显著，具有广阔的推广应用前景（图8.4）。

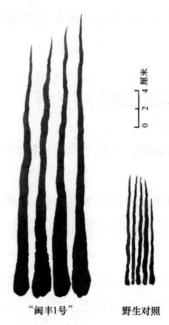

"闽丰1号" 野生对照

图8.4 "闽丰1号"叶状体与野生坛紫菜对照

3. 坛紫菜"浙江"系列

坛紫菜"浙东1号"（俗称木耳菜）是由宁波大学和浙江省海洋水产养殖研究所联合选育。

新品种名称：坛紫菜"浙东1号"。

品种来源：选择浙江宁波渔山岛的野生坛紫菜为基础群体亲本，利用细胞工程育种技术和群体选育技术辅以分子标记辅助育种等技术获得的性状稳定的遗传纯系。

审定情况：2014年第五届全国水产原种和良种审定委员会审定通过。

审定编号：GS-01-013-2014。

该品种具有的特征特性：

① 坛紫菜"浙东1号"基部发达固着牢固，藻体体长/宽值小、叶片厚、皱褶多、色素含量高、生长快，适合混水区栽培（图8.5）。

② 坛紫菜"浙东1号"的优良性状，主要表现为壳孢子放散量大、总量比当地种提高25%，有明显的放散高峰，采苗时间能够在第一天就能完成，而传统的采苗需要3天。

③ 叶绿素含量提高8.65%，皱褶多，比表面积大，生长速度快，产量比当地传统栽培种提高15%~26%。

④ 光合色素、蛋白质含量等提高，总藻胆蛋白体含量提高11.1%，游离氨基酸的含量比对照提高12.68%，品质改善。

图8.5 "浙东1号"坛紫菜叶状体

三、注意事项

在使用坛紫菜新品种开展养殖前，必须准确认识新品种的养殖方法，了解新品种苗种特性，避免购买到混杂品种的贝壳苗。

附录

附录一　渔业法及相关法规

《中华人民共和国渔业法实施细则》于 1987 年 10 月 14 日国务院批准，1987 年 10 月 20 日农牧渔业部发布。其中与养殖相关的条目有：

第十条　使用全民所有的水面、滩涂，从事养殖生产的全民所有制单位和集体所有制单位，应当向县级以上地方人民政府申请养殖使用证。

全民所有的水面、滩涂在一县行政区域内的，由该县人民政府核发养殖使用证；跨县的，由有关县协商核发养殖使用证，必要时由上级人民政府决定核发养殖使用证。

第十一条　领取养殖使用证的单位，无正当理由未从事养殖生产，或者放养最低于当地同类养殖水域平均放养量 60% 的，应当视为荒芜。

第十二条　全民所有的水面、滩涂中的鱼、虾、蟹、贝、藻类的自然产卵场、繁殖场、索饵场及重要的洄游通道必须予以保护，不得划作养殖场所。

第十三条　国家建设征用集体所有的水面、滩涂，按照国家土地管理法规办理。

附录二　质量安全管理相关规定

　　《中华人民共和国农产品质量安全法》已由中华人民共和国第十届全国人民代表大会常务委员会第二十一次会议于 2006 年 4 月 29 日通过，现予公布，自 2006 年 11 月 1 日起施行。其中与农产品生产有关的条目有：

　　第二十条　国务院农业行政主管部门和省、自治区、直辖市人民政府农业行政主管部门应当制定保障农产品质量安全的生产技术要求和操作规程。县级以上人民政府农业行政主管部门应当加强对农产品生产的指导。

　　第二十一条　对可能影响农产品质量安全的农药、兽药、饲料和饲料添加剂、肥料、兽医器械，依照有关法律、行政法规的规定实行许可制度。

　　国务院农业行政主管部门和省、自治区、直辖市人民政府农业行政主管部门应当定期对可能危及农产品质量安全的农药、兽药、饲料和饲料添加剂、肥料等农业投入品进行监督抽查，并公布抽查结果。

　　第二十二条　县级以上人民政府农业行政主管部门应当加强对农业投入品使用的管理和指导，建立健全农业投入品的安全使用制度。

　　第二十三条　农业科研教育机构和农业技术推广机构应当加强对农产品生产者质量安全知识和技能的培训。

　　第二十四条　农产品生产企业和农民专业合作经济组织应当建立农产品生产记录，如实记载下列事项：

　　（一）使用农业投入品的名称、来源、用法、用量和使用、停用的日期；

　　（二）动物疫病、植物病虫草害的发生和防治情况；

（三）收获、屠宰或者捕捞的日期。

农产品生产记录应当保存二年。禁止伪造农产品生产记录。

国家鼓励其他农产品生产者建立农产品生产记录。

第二十五条 农产品生产者应当按照法律、行政法规和国务院农业行政主管部门的规定，合理使用农业投入品，严格执行农业投入品使用安全间隔期或者休药期的规定，防止危及农产品质量安全。

禁止在农产品生产过程中使用国家明令禁止使用的农业投入品。

第二十六条 农产品生产企业和农民专业合作经济组织，应当自行或者委托检测机构对农产品质量安全状况进行检测；经检测不符合农产品质量安全标准的农产品，不得销售。

第二十七条 农民专业合作经济组织和农产品行业协会对其成员应当及时提供生产技术服务，建立农产品质量安全管理制度，健全农产品质量安全控制体系，加强自律管理。